新型职业农民示范培训教材

平衡施肥新技术

薄润香　主编

中国农业出版社

内容简介

本示范培训教材的编写立足于各地种植业的发展，以培养新型职业农民、服务新型农业和新农村建设为目标，以作物平衡施肥新技术为出发点，与生产实际紧密联系，突出实用性、前瞻性，强调实践性，注重培养学员的操作技能，针对土壤利用改良、作物平衡施肥、土样分析测定三方面知识与技能，解决农业生产中容易出现的实际问题。

教材内容由4个单元构成，分别是土壤特性与土壤管理、肥料特性与施用、平衡施肥技术、土壤分析测定技术。每个单元由多个项目构成，每个项目包括若干个具体任务，详细阐述了土壤特性与培肥、土壤改良与利用、肥料特性与施用、作物营养特性与需肥规律、主要作物平衡施肥技术以及土壤分析测定技术等实用知识和核心操作技能。

新型职业农民示范培训教材

编审委员会

主　任　魏　民　陈明昌

副主任　康宝林　薛志省

委　员　巩天奎　樊怀林　孙俊德　吕东来　张兴民

　　　　武济顺　孙德武　张　明　张建新　陶英俊

　　　　张志强　贺　雄　马　骏　高春宝　刘　健

　　　　程　升　王与蜀　夏双秀　马根全　吴　洪

　　　　李晋萍　布建中　薄润香　张万生

总主编　张　明

总审稿　吴　洪　薄润香

本册编审人员

主　编　薄润香

副主编　王宏燕

编　者　薄润香　王宏燕　王笑波　韩连珍

审　稿　肖宁月

出版说明

发展现代农业，已成为农业增效、农村发展和农民增收的关键。提高广大农民的整体素质，培养造就新一代有文化、懂技术、会经营的新型职业农民刻不容缓。没有新农民，就没有新农村；没有农民素质的现代化，就没有农业和农村的现代化。因此，编写一套融合现代农业技术和社会主义新农村建设的新型职业农民示范培训教材迫在眉睫，意义重大。

为配合《农业部办公厅　财政部办公厅关于做好新型职业农民培育工作的通知》，按照“科教兴农、人才强农、新型职业农民固农”的战略要求，以造就高素质新型农业经营主体为目标，以服务现代农业产业发展和促进农业从业者职业化为导向，着力培养一大批有文化、懂技术、会经营的新型职业农民，为农业现代化提供强有力的人才保障和智力支撑，中国农业出版社组织了一批一线专家、教授和科技工作者编写了“新型职业农民示范培训教材”丛书，作为广大新型职业农民的示范培训教材，为农民朋友提供科学、先进、实用、简易的致富新技术。

本系列教材共有29个分册，分两个体系，即现代农业技术体系和社会主义新农村建设体系。在编写中充分体现现代教育培训“五个对接”的理念，主要采用“单元归类、项目引领、任务驱动”的结构模式，设定“学习目标、知识准备、任务实施、能力转化”等环节，由浅入深，循序渐进，直观易懂，科学实用，可操作性强。

我们相信，本系列培训教材的出版发行，能为新型职业农民培养及现代农业技术的推广与应用积累一些可供借鉴的经验。

因编写时间仓促，不足或错漏在所难免，恳请读者批评指正，以资修订，我们将不胜感激。

2017-06-20

目　录

单元一

土壤特性与土壤管理

“民以食为天，食以土为本”，土壤是植物扎根立足的场所，为植物生长发育提供和协调所需要的水分、养分、空气和热量；同时土壤又是地球环境的重要组成部分，与水源、大气、生物的质量以及人类的健康密切相关。

农业土壤是在自然土壤基础上，通过人类开垦耕种而形成的，土壤质地、土壤肥力等属性的好坏直接对农业土壤产生深刻的影响。因此保护现有耕地，提高土壤肥力，实施“有机质提升”“测土配方施肥”和“水肥一体化技术”等工程可谓是当务之急、刻不容缓。

项目一　土壤基础知识

学习目标

知识目标　了解土壤三相物质组成，明确土壤质地和土壤有机质的分类，掌握常见作物适应的土壤质地类型及土壤有机质的作用；明确土壤孔隙与结构的关系，掌握土壤孔隙及结构对植物生长的影响；明确土壤团粒结构对土壤肥力的影响，掌握土壤肥力的相互关系。

技能目标　能够正确判别土壤质地，学会不良质地土壤的改良方法；能够掌握提高土壤有机质的具体措施；能够掌握提高土壤肥力的调控措施。

情感目标　明确因地制宜、合理利用土壤，提升土壤有机质含量的意义，明确保障土壤安全的现实意义，培养按照标准规范操作的意识。

任务一　土壤质地的判别

知识准备

一、土壤组成

土壤由固相、液相和气相三相物质组成。土壤固相物质包括土壤矿物质、有机质与生物，而土壤液相和土壤气相分布于大小不同的土壤孔隙中。土壤液相的主要成分是土壤水分与溶解于水分中的各种物质；土壤气相的主要成分是氧气、二氧化碳等气体。在具体的某种土壤中，由于其孔隙体积相对稳定，所以土壤水分与土壤空气为一种相互消长的关系，即水多气少或水少气多。因此，典型的农业土壤主要由矿物质、有机质与生物、水分、空气而组成（表1-1）。

表 1-1　土壤物质组成

土壤物质	按干重计	按体积计
矿物质	95%左右	50%左右
有机质与生物	5%左右	10%左右
水分	—	15%～40%
空气	—	15%～40%

二、土壤质地

土壤质地是指土壤颗粒的粗细程度。

1. 不同质地的性状　土壤质地一般可分为沙土、黏土、壤土三大类。

（1）沙土。通气排水性好，保水保肥性差，养分分解快，昼夜温差大，有毒物质不易积累；发小苗，易早衰，耕性好。

（2）黏土。与沙土相反。通气排水性不良，保水保肥性强，养分分解慢，昼夜温差小，有毒物质易富集；出苗难，易缺苗，易贪青晚熟，耕性差。

（3）壤土。生产性能介于沙土和黏土之间，均为良好。壤土一般又分为沙壤土、轻壤土、中壤土、重壤土四级。

2. 不同质地的利用　不同植物对土壤质地有一定的适应性（表 1-2），大部分农作物对质地的适应范围较广，但部分园艺植物，特别是部分花卉植物对质地的适应范围较窄。

表 1-2 主要植物对质地的适应性

植物种类	土壤质地	植物种类	土壤质地
水稻	黏土、黏壤土	大豆	黏壤土
大麦	黏壤土、壤土	豌豆、蚕豆	黏土、黏壤土
小麦	黏土、黏壤土	油菜	黏壤土
粟	沙壤土	花生	沙壤土
玉米	黏壤土	甘蔗	黏壤土、壤土
黄麻	沙壤土至黏壤土	西瓜	沙壤土
棉花	沙壤土、壤土	柑橘	沙壤土至黏壤土
烟草	沙壤土	梨	壤土、黏壤土
甘薯、茄子	沙壤土、壤土	枇杷	黏壤土、黏土
马铃薯	沙壤土、壤土	葡萄	沙壤土、砾质壤土
萝卜	沙壤土	苹果	壤土、黏壤土
莴苣	轻壤土至黏壤土	桃	沙壤土至黏壤土
甘蓝	沙壤土至黏壤土	茶	砾质黏壤土、壤土
白菜	黏壤土、壤土	桑	壤土、黏壤土

桑树、水稻等植物相对喜欢黏性土壤，而花生、土豆等比较适应质地较粗的土壤。大部分灌木类园林植物适应质地较粗的土壤。对于一些深根系植物，则质地对其生长的影响不是很大。

任务实施

一、手测法判别土壤质地

选择所提供的土壤分析样品，拣掉土样中的植物根、结核体（如石灰结核等）、侵入体（煤渣、砖瓦及石块）等，选择干测法或湿测法进行识别，无论是何种方法，均为经验方法。

1. 干测法 取玉米粒大小的干土块，放在拇指与食指间使之破碎，并在手指间摩擦，根据指压时间大小和摩擦时感觉来判断。

2. 湿测法 取一小块土，放在手中捏碎，加入少许水，以土粒充分浸润为度（水分过多过少均不适宜），根据能否搓成球、条及弯曲时断裂等情况加以判断，生产实际中，可参考卡庆斯基制土壤质地分类手测法标准（表 1-3）。

表 1-3 土壤质地手测法判断标准

质地名称	干燥状态下手指间挤压或摩擦时的感觉	湿润状态下揉搓时的表现
沙土	几乎由沙粒组成，粗糙研磨时沙沙作响	不能成球形，用手捏成团，但一松即散，不能成片

（续）

质地名称	干燥状态下手指间挤压或摩擦时的感觉	湿润状态下揉搓时的表现
沙壤土	沙粒占优势，混夹有少许黏粒，很粗糙，研磨时有响声，干土块用小力即可捏碎	勉强可成厚而极短的片状，能搓成表面不光滑的小球，但搓不成细条
轻壤土	干土块用力稍加挤压可碎，手捻有粗糙感	可成较薄的短片，片长不超过 1cm，片面较平整，可成直径约 3mm 土条，但提起后容易断裂
中壤土	干土块稍加大力量才能压碎，成粗细不一的粉末，沙粒和黏粒含量大致相同，稍感粗糙	可成较长薄片，片面平整，但无反光，可搓成直径约 3mm 土条，但弯成 2～3cm 小圈即断裂
重壤土	干土块用大力挤压可破碎成粗细不一的粉末，粉沙粒和黏粒土占多，略有粗糙感	可成较长薄片，片面光滑，有弱的反光，可搓成直径 2mm 的土条，能弯成 2～3cm 圆形，但压扁时有缝
黏土	干土块很硬，用手不能压碎成细而均一的粉末，有滑腻感	可成较长薄片，片面光滑有强反光，不断裂，可搓成直径 2mm 的圆环，压扁时无裂缝

二、不良土壤质地的改良

农业生产中经常遇到土壤质地不适应所选用植物生长的情况，或者某一地区由于母质的原因，土壤质地不利于大规模农业生产的需要，这时就必须对土壤质地进行改良。

1. 增施有机肥，改良土性 施用有机肥后，可以促进沙粒的团聚，而降低黏粒的黏结力，从而使原先松散的无结构的沙质土壤黏结成团聚体，或者使结构紧实，并使较大的黏质土壤碎裂成大小和松紧度适中的土壤结构，达到改善土壤结构的目的。

2. 掺沙掺黏，客土调剂 若沙地附近有黏土、胶泥土、河泥等，可采用搬黏掺沙的办法；若黏土附近有沙土、河沙等，可采取搬沙压淤的办法，逐年客土改良，使之达到三泥七沙或四泥六沙的壤土质地范围。

3. 引洪漫淤，引洪漫沙 对于沿江、沿河的沙质土壤，采用引洪漫淤的方法，在丰水期有目的地将富含黏粒的河水或江水有控制地引入农田，使黏粒沉积于沙质土壤中。对于黏质土壤，也可采用引洪漫沙的方法逐年进行改良。

4. 翻淤压沙，翻沙压淤 在具有“上沙下黏”或“上黏下沙”质地层次的土壤中，可以通过耕翻法，将上下层的沙粒与黏粒充分混合，起到改善土壤质地的作用。

5. 种树种草，培肥改土 在过沙、过黏的不良质地土壤上，种植豆科绿肥植物，增加土壤有机质含量和氮素含量，促进团粒结构形成，从而改良质地。

6. 因土制宜，加强管理 对于大面积过沙土壤，首先营造防护林，种树种草，防风固沙；其次选择宜种植物；三是加强管理，如采取平畦宽垄，播种宜深，播后镇压，早施肥、勤施肥，勤浇水，水肥宜少量多次等措施。对于大面积过黏土壤，根据水源条件种植水稻或水旱轮作等。

能力转化

一、实践

调查当地农田土壤质地类型及改良不良土壤质地的先进经验。

二、选择题

1. 分布于土壤的大小孔隙中的成分是（　　）。

A. 土壤液相和气相　　B. 土壤液相和土壤固相

C. 土壤固相和气相　　D. 土壤固相、液相和气相

2. 土壤质地主要取决于土壤（　　）。

A. 黏粒含量　　B. 沙粒含量

C. 有机质含量　　D. 大小不同土粒组合比例

3. 沙土对植物生长的影响是（　　）。

A. 发小苗不发老苗　　B. 发老苗不发小苗

C. 既发小苗又发老苗　　D. 无法确定

三、判断题

1. 沙壤土在湿润条件下可揉搓成较薄的短片，可成直径约 3mm 土条，但提起断裂。（　　）

2. 土壤有机质既可以改良沙土，又可以改良黏土。（　　）

任务二　土壤有机质的调节

知识准备

土壤有机质是指以各种形态存在于土壤中的含碳有机化合物的总称，包括土壤中各种动、植物和微生物残体，土壤生物的分泌物与排泄物，及其这些有机物质分解、转化后的物质。对于大部分土壤，有机质含量只占到土壤总质量的很小一部分，但却在土壤肥力、物质循环、农业可持续发展及土壤环境中发挥重要的作用。

一、土壤有机质的特性

1. 土壤有机质的来源 自然土壤主要来源于生长在土壤上的高等绿色植物，其次是生活在土壤中的动物和微生物；农业土壤重要来源是每年施用的有机肥料，植物残茬、根系及其分泌物，人、畜粪便，工农业副产品的下脚料，城市垃圾，污水等。

2. 存在形态 土壤有机质一般包括三种形态：一是新鲜的有机物质，是指刚进入土壤不久基本未分解的动、植物残体；二是半分解的有机物质，是指受到微生物作用而呈半分解状态的动、植物残体；三是腐殖物质，是指经微生物改造后的一类特殊高分子有机化合物，呈褐色或暗褐色，是土壤有机质最主要的一种形态，占有机质总量的85%～90%。

二、土壤有机质的作用

1. 提供植物所需的养分 土壤有机质是植物所需的多种养分的主要来源。土壤氮素的80%以上、磷的20%～76%、硫的75%～95%都是以有机态存在的。土壤有机质分解转化为无机态之后才能被植物吸收利用。在农田中，有机质矿质化释放的二氧化碳是植物光合作用的重要碳源之一。

同时土壤有机质转化过程中产生的有机酸、腐殖酸等物质也能促进土壤养分的转化，改善植物的营养状况。

2. 提高土壤的持水性，减少水土流失 土壤腐殖质的吸水量是黏土矿物的4～6倍，因此可提高土壤保贮水分的能力；另外，土壤有机质的保水性和地表种植的绿肥还能有效防止地表径流，减少水土流失。

3. 提高土壤的保肥性和缓冲性 土壤的保肥性是指土壤对养分的吸收（包括物理、化学和生物吸收）和保蓄能力，而土壤供肥性是指土壤释放和供给作物养分的能力。土壤之所以具有保肥、供肥性，是因为土壤能形成复合胶体，这种胶体有巨大的表面能量且具带电性，对养分的吸收与释放起支配作用。

有机质是一种带负电荷量很高的土壤胶体，通过阳离子交换作用能够明显提高土壤的保肥能力。有机质通过与部分营养离子形成盐或络合物、螯合物，增强土壤的保肥能力。腐殖酸是一种弱酸，它们在土壤中易形成盐，组成相应的缓冲体系，而且腐殖酸与其盐的缓冲能力远大于矿物质产生的缓冲能力。一般来讲，增施有机肥料，增加有机质的积累，有利于土壤保肥能力的增强；适量的灌溉与适宜的耕作，有利于土壤供肥能力的提高。

4. 改善土壤孔隙与结构状况 土壤有机质的黏结性大于沙粒，小于黏粒，所以，有机质可以改善土壤孔隙状况，促进良好的土壤结构的形成，协调土壤通气透水性与保水性之间的矛盾；由于降低了黏粒之间的团聚力，降低了土壤耕作阻力，从而改善了土壤的耕性。

5. 提高土壤生物和酶的活性，促进养分转化 有机质是土壤微生物的碳源和能源，所以能够促进微生物的活动；微生物的活性越强，则土壤有机质和其他养分的转化速率就快；同时通过刺激微生物和动物的活动以增加土壤酶的活性，从而促进养分转化。

部分小分子的腐殖酸具有一定的生理活性，能够促进种子发芽，增强根系活力，促进植物生长。

6. 降低土壤污染 有机质中的部分官能团因与土壤溶液中的重金属离子形成络合物而保留在土壤中，降低了其进入地下水产生污染的可能性；部分腐殖酸分子吸收了进入土壤的农药分子，从而促进其转化分解及减少其进入水源的数量。

任务实施

土壤有机质被认为是植物生长的“激素”，是土壤中的“万金油”。对于土壤有机质含量较低的土壤，合理施肥、适宜耕种、调节水气热状况、营造调节林地等都是提高有机质含量的有效途径。

1. 合理施肥 不断施用有机肥能使土壤有机质保持在适当水平上，保持土壤良好的性能，不断供给植物生长所需养分。常用的措施主要有增施有机肥料、秸秆还田、种植绿肥、归还植物凋落物等。

适量施用氮肥也是保持和提高土壤有机质含量的一项措施，主要是通过增加植物生长量而增加进入土壤的植物残体。有机、无机肥料配合施用，不仅能增产，提高肥料利用率，还能使土壤有机质含量水平保持在适当的水平。

2. 适宜耕种 适宜免耕、少耕可显著增加土壤微生物生物量，提高土壤有机质含量。合理实行绿肥或牧草与植物轮作、旱地改水田也能显著增加土壤有机质含量。

3. 调节土壤水、气、热状况 只有土壤温度、湿度适宜，并有适当的通气条件时，好氧性与厌氧性微生物才能交替或相伴存在，才能促使土壤有机质矿质化和腐殖化过程协调进行，既能供应植物所需养分，又能累积一定数量的腐殖质。

4. 营造调节林地 通过疏伐降低林分郁闭度，改善林内光照条件，提高地温，促进土壤有机质分解；调整林分树种组成，纯林改混交林，针叶林引进乔、灌木，适当增加阔叶和豆科树种，加速凋落物的分解转化；对低洼林地进行开挖排水沟渠、施用石灰降低酸度、耕翻土壤改善通气条件等土壤改良，也有利于土壤有机质分解。

能力转化

一、简答题

土壤有机质对土壤和作物生长有何影响？结合当地情况应如何提高土壤有机质含量？

二、选择题

1. 土壤有机质中的主要成分是（　　）。

A. 植物残体　　B. 腐殖质

C. 简单有机化合物　　D. 半分解的植物残体

2. 有机质含量高的土壤（　　）。

A. 黏粒含量高　　B. 原生矿物少

C. 次生矿物多　　D. 吸附能力强

三、判断题

1. 通常情况下，土壤有机质含量越高，土壤肥力越高，植物产量就越高。（　　）

2. 土壤有机质只能改善土壤的孔隙状况，不能提高土壤的保肥性和缓冲性。（　　）

任务三　土壤孔隙的调节

知识准备

土壤孔隙是一个极其复杂的多孔体系，土壤中土粒与团聚体之间以及团聚体内部的空隙称为土壤孔隙。土壤孔隙性是对土壤孔隙的数量、大小、比例和性质的总称。

一、土壤孔隙数量

由于土壤孔隙状况极其复杂，实践中难以直接测定孔隙数量，通常是通过间接的方法，测定土壤密度、容重后计算出来的。

1. 土壤密度和容重　土壤密度是指单位体积土粒（不包括粒间孔隙）的烘干土质量。其大小与土壤矿物质组成、有机质含量有关，多数矿物的密度在 $2.6\sim2.7g/cm^3$，有机质的密度为 $1.4\sim1.8g/cm^3$。由于土壤有机质含量并不多，所以一般情况下，土壤密度常以 $2.65g/cm^3$ 表示。

土壤容重是指在田间自然状态下，单位体积土壤(包括粒间孔隙)的烘干土质量。其大小随土壤三相组成的变化而变化，多数土壤容重在 $1.0\sim1.8g/cm^3$，沙土多为1.4～1.7g/cm³；黏土一般为1.1～1.6g/cm³；壤土介于二者之间。土壤密度与土壤容重的区别如图1-1所示：

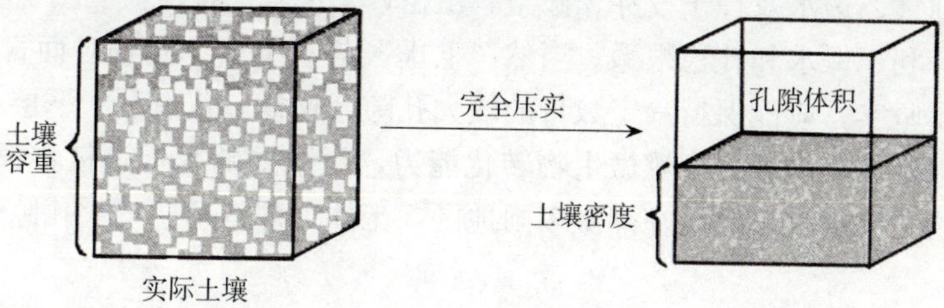

图1-1　土壤容重与土壤密度的关系

对于质地相同的土壤来说，容重过小则表明土壤处于疏松状态，容重过大则表明土壤处于紧实状态；对于植物生长发育来说，土壤过松、过紧都不适宜，过松则通气透水性强，易漏风跑墒，过紧则通气透水性差，妨碍根系延伸。对于大多数土壤来讲，含有机质多而结构好的耕作层土壤容重宜在1.1～1.3g/cm³，在此范围内，有利于幼苗的出土和根系的生长。

2. 土壤孔隙度　土壤孔隙数量常以孔隙度来表示。土壤孔隙度是指自然状况下，单位体积土壤中孔隙体积占土壤总体积的百分数。实际工作中，可根据土壤密度和容重计算得出。

$$土壤孔隙度=(1-\frac{土壤容重}{土壤密度})\times 100\%$$

土壤孔隙度的变幅一般在30%～60%，多数植物生长适宜的孔隙度为50%～60%。

二、土壤孔隙类型

根据土壤孔隙的通透性和持水能力，将其分为三种类型：

1. 通气孔隙　此孔隙起通气、透水作用，常被空气占据。

2. 毛管孔隙　此孔隙内的水分受毛管力影响，能够移动，可被植物吸收利用，起到保水、蓄水作用。

3. 无效孔隙（非活性孔隙）　此孔隙内的水分移动困难，不能被植物吸收利用，空气及根系不能进入。

三、土壤孔隙性与植物生长

生产实践表明，适宜于植物生长发育的耕作层土壤孔隙状况为：总孔隙度为50%～56%，通气孔隙度在10%以上，如能达到15%～20%更好，毛管孔隙度与非毛管孔隙度之比以2∶1为宜，无效孔隙度要求尽量低；而在同一土体内孔隙的垂直分布应为“上虚下实”，“上虚”即要求耕作层土壤疏松一些，有利于通气、透水及种子发芽、破土、出苗，“下实”即要求下层土壤稍紧实一些，有利于保水和扎稳根系。当然“上虚”与“下实”是相对而言的，“下实”不是坚实，应能保持一定数量的较大孔隙，这样不仅有利于下层土壤通气状况，而且有利于增强土壤微生物转化能力，更重要的是促进植物根系深扎，扩大植物营养范围。此外在潮湿多雨地区，土体下部有适量的大孔隙可增强排水性能。

任务实施

土壤孔隙度的适当调节，有利于创造松紧适宜的土壤环境，对于种子出苗、扎根都有非常重要的作用。

1. 防止土壤压实 土壤压实是指在播种、田间管理和收获等作业过程中，因农机具的碾压和人、畜践踏而造成的土壤由松变紧的现象。因此，首先应在宜耕的水分条件下进行田间作业；其次应尽量实行农机具联合作业，降低作业成本；再次是尽量采用免耕或少耕，减少农机具压实。

2. 合理轮作和增施有机肥 实行粮肥轮作、水旱轮作，增施有机肥料，可以改善土壤孔隙状况，提高土壤通气透水性能。

3. 合理耕作 深耕结合施用有机肥料，再配合耙耱、中耕、镇压等措施，可使过紧或过松的土壤达到适宜的松紧范围。

4. 工程措施 采用工程措施改造或改良铁盘、砂姜、漏沙、黏土等障碍土层，创造一个深厚疏松的根系发育土层，对果树、园林树木等深根植物尤其重要。

能力转化

一、简答题

植物生长发育适宜于什么样的土壤孔隙状况？土壤孔隙性的调节措施有哪些？

二、选择题

1. 对于质地相同的土壤来讲，疏松状态下的容重值（　　）紧实状态下。

A. 小于　　B. 大于

C. 等于　　D. 无法确定

2. 多数植物生长适宜的土壤孔隙度为（　　）。

A. 30%～40%　　B. 50%～60%　　C. 60%～70%　　D. 70%～80%

三、判断题

1. 容重是不包括孔隙体积在内的单位体积干土重。　　　　　　　　（　）

2. 同一土体内孔隙的垂直分布为“上实下虚”有利于作物生长。　　（　）

任务四　土壤结构的调节

知识准备

土壤结构包含两个含义：土壤结构体和土壤结构性。土壤结构体是指土壤颗粒（单粒）团聚形成的具有不同形状和大小的土团和土块（图 1-2）。土壤结构性是指土壤结构体的类型、数量、稳定性以及土壤的孔隙状况。

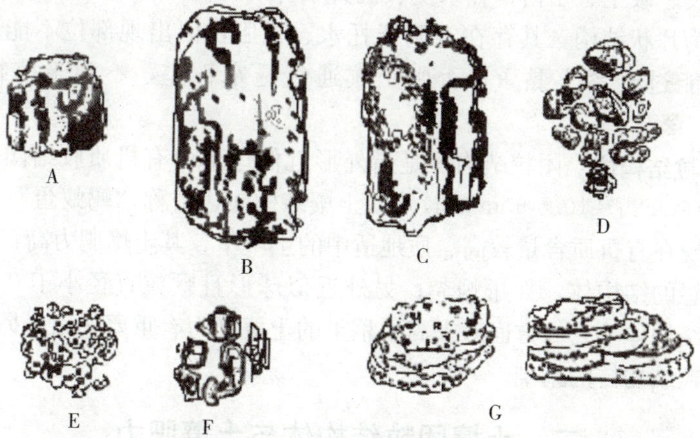

图 1-2　土壤结构体的主要类型

A. 块状结构体　B. 柱状结构体　C. 棱柱状结构体　D. 团粒结构体　E. 微团粒结构体　F. 核状结构体　G. 片状结构体

一、土壤结构体类型

1. 块状和核状结构体　块状结构体呈不规则的块体，长、宽、高大致相近，边面不明显，结构体内部较紧实，俗称“坷垃”。在有机质含量较低或黏重的土壤中常见。核状结构体外形与块状结构体相似，但体积较小，棱角、边、面比较明显，内部紧实坚硬，泡水不散，俗称“蒜瓣土”，多出现在黏土而缺乏有机质的心土层和底土层中。

块状结构体间孔隙过大，大孔隙数量远多于小孔隙，不利于蓄水保水，易透风跑墒，出苗难；出苗后易出现“吊根”现象，影响水肥吸收；耕层下部的暗“坷垃”因其内部紧实，还会影响扎根，而使根系发育不良，故有“麦子不怕草，就怕坷垃咬”之说。核状结构体因其内部紧实，小孔隙多，大小孔隙不协调，土性不好。

2. 柱状和棱柱状结构体 柱状结构体呈立柱状，棱角、边面不明显，比较紧实，孔隙少，俗称“立土”，多出现在水田土壤、典型碱土、黄土母质的下层。棱柱状结构外形与柱状结构体很相似，但棱角、边面比较明显，结构体表面覆盖有胶膜物质，多出现在质地黏重而水分又经常变化的下层土壤中。

由于土壤的湿胀干缩作用，在土壤过干时易出现土体垂直开裂，漏水、漏肥；过湿时易出现土粒膨胀黏闭，通气不良。

3. 片状结构体 片状结构体形状扁平、成层排列，呈片状或板状，俗称“卧土”。地表在遇雨或灌溉后出现结皮、结壳，称为“板结”现象，播种后种子难以萌发、破土、出苗；如果受农机具压力或沉积作用，在耕作层下出现的犁底层也为片状结构，其存在有利于托水、托肥，但出现部位不能过浅、过厚，也不能过于紧实黏重，否则土壤通气透水性差，不利于植物的生长发育。

4. 团粒结构体 团粒结构体是指外形近似球形由有机质胶结团聚形成的直径大小在 0.25～10.00mm 的较疏松土壤结构体，俗称“蚂蚁蛋”“米糁子”等，常出现在有机质含量较高、质地适中的土壤中，其土壤肥力高，是农业生产中最理想的结构体，如蚯蚓粪；另外近似球形且颗粒直径小于 0.25mm 的称微团粒结构体，它一方面对提高水稻土的土壤肥力有重要作用，另一方面也是形成团粒结构体的基础。

二、土壤团粒结构体与土壤肥力

团粒结构体是良好的土壤结构体，具体表现在土壤孔隙度大小适中，持水孔隙与通气孔隙并存，并有适当的数量和比例，使土壤中的固相、液相和气相相互处于协调状态，因此，团粒体结构体多是土壤肥沃的标志之一（图 1-3）。

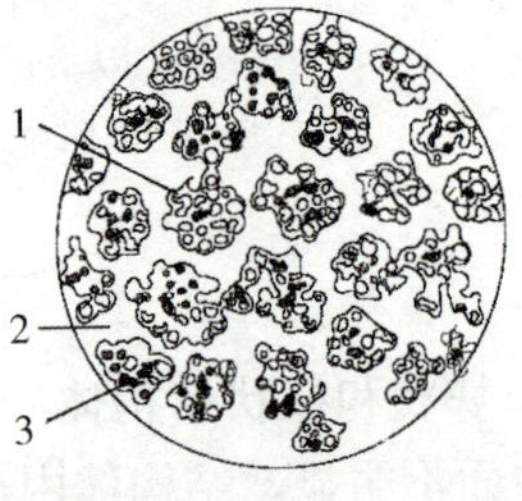

图 1-3 团粒结构体与土壤孔隙状况
1. 毛管孔隙 2. 通气孔隙 3. 无效孔隙

1. 创造了土壤良好的孔隙性 团粒与团粒之间有适量的通气孔隙，团粒体内部有大量的毛管孔隙，这种孔隙状况为土壤水、肥、气、热的协调，创造了良好条件。

2. 水、气协调，土温稳定 团粒结构体间的通气孔隙可通气透水，在降水或灌溉时，有利于水分进入土层，减少地表径流；团粒体内部的毛管孔隙具有保存水分的能力，起到小水库作用，因此水、气协调。并且由于水、气协调，由水、气产生的土壤热性质适中，土温稳定。

3. 保肥供肥性能良好 团粒与团粒之间有适量的通气孔隙，水少气多，好氧性微生物活跃，有利于有机质矿质化作用，养分释放快；团粒内部有大量的毛管孔隙，水多气少，厌氧性微生物活跃，有利于腐殖质的积累，养分可以得到贮存。

4. 土质疏松，耕性良好 具有团粒结构的土壤，结构体大小适宜，松紧度适中，孔隙性能好，其土壤的水、肥、气、热协调，通气透水、保水保肥、供水供肥等性能强，耕作阻力小，耕作效果好，有利于植物根系的扩展、延伸。

任务实施

改良不良土壤结构，促进团粒结构体形成的措施主要有：

1. 增施有机肥料 有机质是良好的土壤胶结剂，是团粒结构体形成不可缺少的物质，我国土壤由于有机质含量低，缺少水稳性团粒结构，因此需增施优质有机肥来增加土壤有机质，促进土壤团粒结构体的形成。

2. 调节土壤酸碱度 土壤中丰富的钙是创造土壤良好结构的必要条件，因此，对酸性土壤施用石灰，碱性土壤施用石膏，在调节土壤酸碱度的同时，增加了钙离子，促进良好土壤结构的形成。

3. 合理耕作 合理的精耕细作（适时深耕、耙耱、镇压、中耕等）有利于破除土壤板结，破碎块状与核状结构体，疏松土壤，加厚耕作层，增加非水稳性团粒结构体。

4. 合理轮作 合理轮作包括两方面的含义：一是用地植物和养地植物轮作，如粮食植物与绿肥或牧草植物轮作；二是在同一地块不能长期连作，通常每隔3～4年就要更换一次植物品种或植物类型，否则容易造成土壤结构不良，养分不平衡，降低土壤肥力，植物容易感染病害。

5. 合理灌溉、晒垡、冻垡 灌溉中应注意以下几点：一是避免大水漫灌；二是灌后要及时疏松表土，防止板结；三是有条件地区采用沟灌、喷灌或地下灌溉为好。另外，在休闲季节采用晒垡或冻垡，利用干湿交替、冻融交替使黏重土壤变得松软，促进良好结构的形成。

6. 施用土壤结构改良剂 土壤结构改良剂基本有两种类型，一是从植物遗体、泥炭、褐煤或腐殖质中提取的腐殖酸，制成天然土壤结构改良剂。其缺点是成本高、用量大，难以在生产上广泛应用。二是人工合成结构改良剂，常用的为水解聚丙烯腈钠盐和乙酸乙烯酯等，具有较强的黏结力，能使分散的土粒形成稳定的团粒体，用量一般只占耕层土质量的0.01%～

0.10%，使用时要求土壤含水量在田间持水量的70%～90%时效果最好，以喷施或干粉撒施，然后耙耱均匀即可，创造的团粒结构体能保持2～3年之久。

能力转化

一、简答题

团粒结构体与土壤肥力的关系如何？结合当地情况，举例说明如何培育土壤的团粒结构体。

二、选择题

1. 良好的土壤结构一般意味着（　　）。

A. 总孔隙度高，无效孔隙比较多

B. 总孔隙度高，毛管孔隙比较多

C. 总孔隙度高，通气孔隙比较多

D. 总孔隙度高，各级孔隙比例分布合理

2. 具有（　　）的土壤，其水、肥、气、热协调。

A. 团粒结构体　　B. 块状结构体

C. 片状结构体　　D. 柱状结构体

三、判断题

1. 具有团粒结构体的土壤，其土壤肥力水平也高。（　　）

2. 一般情况下，酸性土壤可施用石膏改良，碱性土壤可施用石灰改良。（　　）

任务五　土壤肥力的调节

知识准备

土壤肥力是指土壤能经常适时供给并协调植物生长所需的水分、养分、空气、热量和其他条件的能力。

一、土壤肥力简述

1. 土壤水、气、热　在北方地区，把土壤含水量的多少俗称为"墒情"，墒情充足，意味着土壤相对含水量达到60%～90%，适宜植物生长发育。反之如果水分过多，则土壤通气性较差，易引起植株烂根现象；而水分过少，则墒情差，易出现叶片凋萎、根系枯死。土温适宜，适合植物生长；反之，温度过高或过低，都会影响植物生长发育。

2. 土壤养分　在植物生长发育所必需的16种营养元素中，除去碳、氢、氧3种元素来自大气中的二氧化碳和水以外，其他的营养元素几乎全部来自于土壤。土壤养分主要来源于土壤矿物质风化所释放的养分、土壤有机质分解释放的养分、土壤微生物的固氮作用、植物根系对养分的集聚作用、大气降水对土壤加入的养分、施用的肥料。

按养分对植物的有效程度，土壤养分可分为速效养分、缓效态养分、难溶态养分、有机态养分四种类型。各种形态的养分没有截然的界限，当土壤条件和环境发生变化时，土壤中的养分就发生相互转化。

二、土壤含水量的表示方法

土壤水实际上是指在105℃下从土壤中驱逐出来的水分，是表示土壤水分状况的一个指标，又称土壤含水率、土壤湿度等。常见有以下几种：

1. 质量含水量　质量含水量即单位质量土壤中水分的质量占烘干土质量的比值，通常用百分数表示，标准单位是克/千克。在生产实践中，如果没有指明是何种类型的土壤含水量，则为质量含水量。

$$土壤质量含水量=\frac{土壤水质量}{烘干土质量}\times 100\%$$

烘干土质量一般是指在105℃条件下烘至恒重的土壤。实验分析用土样一般称为风干土，因为是在本地空气湿度条件下自然干燥的土壤，风干土的含水量为吸湿水含量。

例如，某土样质量为15g，在105℃烘箱中烘至恒重后的干土质量为12g，则其质量含水量为：

$$土样质量含水量=\frac{15-12}{12}\times 100\%=25\%$$

2. 容积含水量　单位体积土壤中水分体积占总体积的百分数为土壤容积含水量。可以计算土壤水分占孔隙度的比例。

$$土壤容积含水量=\frac{土壤水体积}{土壤总体积}\times 100\%$$

如果知道土壤容重情况下，可采用以下公式计算：

$$土壤容积含水量=土壤质量含水量\times 土壤容重$$

例如，某土样的质量含水量为20%，容重为1.20g/cm^3，如假定该土壤的体积为1L和水的密度为1g/cm^3，则：

$$该土壤的水质量=1.20g/cm^3\times 1000mL\times 20\%=240g$$

$$土壤水体积=\frac{240g}{1g/cm^3}=240cm^3$$

$$该土壤的容积含水量=\frac{240cm^3}{1000cm^3}\times 100\%=24\%$$

假定该土壤的孔隙度为50%，则48%的孔隙体积由水分所占据，而52%的孔隙体积由空气所占据。

3. 相对含水量 相对含水量是指土壤实际的质量含水量占田间持水量的百分数。

$$土壤相对含水量=\frac{土壤质量含水量}{土壤田间持水量}\times 100\%$$

土壤相对含水量可以反映土壤的有效水量含量，是评价土壤水分有效性的一个重要和实用指标。通常旱地植物生长适宜的土壤相对含水量是70%～90%。土壤相对含水量如低于60%，则土壤供水不足，不利于植物生长；如土壤相对含水量大于95%，则土壤通气性较差，也不利于植物的生长。

任务实施

一、土壤肥力的调控措施

1. 合理灌排 在有水源的地区，提倡沟灌、畦灌，不可大水漫灌，积极发展喷灌、滴灌，防止渠系渗漏，同时保持排水沟（渠）的畅通，保证多余积水及时排走。

2. 合理耕作 耕翻、中耕、耙耱、镇压等耕作措施，在不同情况下可以起到不同的效果。合理深耕可以打破犁底层，提高和改善土壤的通气透水性及保水性能；中耕可以疏松表土，减少土壤水分消耗，使土壤中有效养分增加。对于质地较粗或疏松的沙土，在含水量较低时对表土进行镇压，可以起到保墒和提墒的作用。

3. 增加覆盖 秸秆覆盖、草皮落叶覆盖、塑料薄膜覆盖、日光温室以及大棚建造等，其目的就是在早春、晚秋及冬季能提温保墒，减少水分损失，有利于养分溶解吸收。

4. 合理施肥 首先提倡有机肥和化肥配施；其次综合应用六项施肥技术，即肥料种类（品种）、施肥量、养分配比、施肥时期、施肥方法和施肥位置。

二、手测法判定土壤墒情

土壤墒情是指土壤的含水情况，即土壤的实际含水量。在野外判断土壤湿度通常用手来鉴别，一般分为四级。

1. 湿　用手挤压时水能从土壤中流出。

2. 潮　放在手上留下湿的痕迹可搓成土球或条，但无水流出。

3. 润　放在手上有凉润感觉，用手压稍留下印痕。

4. 干　放在手上无凉润感觉，黏土成为硬块。

土壤过于干燥，不利于作物吸收水分，应注意灌水解旱；土壤过于潮湿，如出现积水，对作物生长也不利，应及时排水防涝。

能力转化

一、简答题

结合当地情况简述土壤肥力的调控措施有哪些？

二、选择题

1. 可以直接反映土壤的有效水含量的土壤含水量表示方法是（　　）。

A. 质量含水量　　B. 容积含水量

C. 相对含水量　　D. 土壤水贮量

2. 通常旱地植物生长适宜的相对含水量是（　　）。

A. 20%～30%　　B. 30%～40%

C. 50%～60%　　D. 70%～90%

三、判断题

1. 土壤肥力是指土壤中养分含量的多少。（　　）

2. 质量含水量指单位质量土壤中水分质量占风干土质量的百分数。（　　）

项目二　农业土壤管理

学习目标

知识目标　了解盐碱土的概念，掌握盐碱土的改良措施；了解设施土壤、果园土壤、园林土壤的概念，掌握其改良措施；了解土壤退化的危害，掌握土壤退化的防治措施。

技能目标　能够正确判别盐碱土，学会盐碱土的改良方法；掌握设施土壤、果园土壤、园林土壤的改良方法以及土壤退化的防治方法。

情感目标　明确因地制宜、合理改良土壤的意义

任务一 盐碱土壤改良与利用

知识准备

一、土壤酸碱性

1. 土壤酸碱性概念 土壤酸性或碱性通常用土壤溶液的 pH 来表示。土壤的 pH 表示土壤溶液中 H^+ 浓度的负对数值，即 $pH=-lg(H^+)$。我国土壤的 pH 变动范围在 4.0～9.0，南方地区及森林土壤的 pH 一般为 4.5～7.0，北方地区土壤 pH 多为 7.0～8.5，而含碳酸钠与碳酸氢钠的土壤，pH 可达 8.5 以上。"南酸北碱"就概括了我国土壤酸碱反应的地区性差异（表1-4）。

表 1-4 土壤的酸碱度分级

土壤 pH	<4.5	4.5～5.5	5.5～6.5	6.5～7.5	7.5～8.5	8.5～9.5	>9.5
酸碱度级别	极强酸性	强酸性	弱酸性	中性	弱碱性	强碱性	极强碱性

2. 土壤酸碱性对植物生长的影响 不同植物对土壤酸碱性都有一定的适应范围，如茶树适合在酸性土壤上生长，棉花、苜蓿则耐碱性较强。绝大多数植物在弱酸、弱碱和中性土壤上（pH 为 6.0～7.5）都能正常生长，以下是一些植物最适宜的 pH 范围（表 1-5）。

表 1-5 主要植物最适宜的 pH 范围

名称	pH	名称	pH	名称	pH
水稻	6.0～7.0	烟草	5.0～6.0	栗	5.0～6.0
小麦	6.0～7.0	豌豆	6.0～8.0	茶	5.0～5.5
大麦	6.0～7.0	甘蓝	6.0～7.0	桑	6.0～8.0
棉花	6.0～7.0	胡萝卜	5.3～6.0	槐	6.0～7.0
大豆	6.0～7.0	番茄	6.0～7.0	松	5.0～6.0
玉米	6.0～7.0	西瓜	6.0～7.0	刺槐	6.0～8.0
马铃薯	4.8～5.4	南瓜	6.0～8.0	白杨	6.0～8.0
甘薯	5.0～6.0	黄瓜	6.0～8.0	栎	6.0～8.0
向日葵	6.0～8.0	杏	6.0～8.0	柽柳	6.0～8.0
甜菜	6.0～8.0	苹果	6.0～8.0	桦	5.0～6.0
花生	5.0～6.0	桃	6.0～8.0	泡桐	6.0～8.0
甘蔗	6.0～7.0	梨	6.0～8.0	油桐	6.0～8.0
苕子	6.0～7.0	核桃	6.0～8.0	榆	6.0～8.0
紫花苜蓿	7.0～8.0	柑橘	5.0～7.0		

二、盐碱土概念与特性

1. 概念　盐碱土也称盐渍土，包括盐土、碱土及各种盐化和碱化土壤，是指土壤 pH 为 7.5 以上，且含盐量在 0.2%以上或者土壤碱化度在 20%以上，并有害于作物正常生长的土壤类型。

土壤碱化度通常指土壤中交换性钠离子的数量占交换性阳离子数量的百分数。一般碱化度为 5%～10%时为轻度碱化土壤；10%～15%时为中度碱化土壤；15%～20%时为强度碱化土壤；碱化度大于 20%时为碱土。

2. 特性　盐土中含有过多可溶性盐类，可提高土壤溶液的渗透压，引起植物生理干旱使植物根系及种子发芽时不能从土壤吸收足够的水分，甚至还导致水分从根细胞外渗，使植物萎蔫甚至死亡；某些易溶性盐分，直接毒害植物根系，造成植物吸收营养元素的比例失调；碱土中土壤胶体含有大量交换性钠，能增加土壤碱度，恶化土壤物理化学性质，土壤表现为湿时膨胀泥泞、干时收缩坚硬，通透性、可耕性极差。

任务实施

盐碱土一般采用水利工程措施、农业改良措施、生物改良措施和物理化学改良措施等进行改良。

1. 水利工程措施　水利工程措施包括排水、灌溉洗盐、放淤压盐等措施。排水是指通过排水把地下水位降到临界深度以下，地下水不能沿毛细管升至地表，从而起到改良的效果。灌溉洗盐是指在地下水位较高同时地下水矿化度较低的地区，可以多打机井，用机井进行灌溉。一方面可以逐步洗掉上层土壤中的盐分；另一方面又可以使地下水位大大降低，起到较好的改良效果。在地下水矿化度较高，排水系统较完善的地区，可以用地表积累的淡水进行灌溉，从而达到灌溉洗盐的目的。

2. 农业改良措施　农业改良措施指土壤耕作改良、增施有机肥料与种植水稻等措施。盐碱土耕作要求较非盐碱土更为精细，平整土地可使灌水深浅一致，避免形成盐斑，同时还能将集中在高处的盐碱分散出来，降低盐分浓度，减轻盐碱危害，结合灌水、冲洗等措施还可使土壤均匀脱盐。合理深耕可疏松耕层，打破犁底层，切断毛细管，提高土壤保水性能，因而有加速淋盐和防止返盐的作用；同时又可翻压盐碱，把含盐碱多的表土翻到底层，含盐碱少的底层翻到表层，改变盐分在土壤剖面上的分布状况；耕翻时间秋耕宜早，春耕宜晚。盐碱地增施有机肥料可增加土壤有机质，改良土壤结构，减少蒸发，抑制返盐，中和碱性，减轻盐碱危害，活跃土壤微生物，提高土壤肥力，壮苗抗盐。在水分状况较好的盐土地区，旱地改为水田种水稻后，田面存在经常性积水，盐分能不断地下移，从而起到治盐的效果。

3. 生物改良措施 生物改良措施主要是种植绿肥牧草、植树造林等措施。种植绿肥能改善土壤理化性质，巩固和提高脱盐效果，又能培肥土壤，是快速改良盐碱的重要措施。目前适合盐碱土种植的绿肥有苜蓿、草木樨、紫穗槐、田菁等，可根据盐碱轻重情况，选择单种或在轮作中加入绿肥。植树造林建立护田林网，不仅可以进行生物排水，降低地下水位，减轻地表盐分积累，还能防止风沙，改善田间小气候，抑制土壤返盐，并能固土护坡，提高除涝排盐效果。

4. 物理化学改良措施 物理改良措施是指可以通过客土抬高地面和铺设20～30cm 的隔离层等措施来进行改良。化学改良措施是针对重盐碱化地区，可适当施用石膏、硫酸亚铁、硫黄、腐殖酸类改良剂、土壤增温保墒剂等化学物质来进行改良。

能力转化

一、简答题

改良盐碱土的措施有哪些?

二、选择题

1. 轻度碱化土壤的碱化度为（　　）。

A. 5%～10%　　B. 10%～15%

C. 15%～20%　　D. >20%

2. 绝大多数植物在（　　）土壤上都能正常生长。

A. 弱酸　　B. 弱碱

C. 中性　　D. 碱性

三、判断题

1. 盐碱土是指土壤 pH 为 7.5 以下，且含盐量在 0.2%以上或者土壤碱化度在 20%以上，并有害于作物正常生长的土壤类型。（　　）

2. “南酸北碱”概括了我国土壤酸碱反应的地区性差异。（　　）

任务二　设施土壤改良与利用

知识准备

一、设施土壤概念

设施农业是依靠现代科学技术形成的高技术产业，是实现农业规模化、商品化、现代化的集中体现，也是实现农业优质、高产、高效的有效措施。自20世纪80年代至今，我国设施农业得到了迅猛发展，取得了巨大进步。我国是世界上设施栽培面积最大的国家，大中城市基本实现了蔬菜的全年供应，蔬菜的人均占有量超过了世界平均水平。

设施土壤亦称保护地土壤，是指温室、塑料大棚、小拱棚、地膜覆盖条件下的土壤。由于大棚特殊的建造结构、高集约化生产程度、高复种指数、高温高湿、高蒸发量及肥料施用量大、无雨水淋洗等因素，致使设施土壤质量下降。

二、设施土壤的特征

1. 土壤温度高　由于覆盖设施内气温快速上升，土温也随之增加，气温和土温都比大田高，中午时间这种现象尤为突出。

2. 土壤水分相对稳定　土面蒸发散失少　由于有薄膜和玻璃的阻挡，土壤蒸发、植物蒸腾的水汽凝结附着在薄膜、玻璃上，又回落到土壤中，阻止了水分向大气散失。

3. 土壤养分转化快、淋失少　由于保护地土壤温度较高，促进了土壤微生物活动，加快了有机质的分解，促进了土壤养分的转化。另外，地面覆盖阻止和减弱了土壤养分随雨水和灌溉水而淋失。

4. 施肥量大，易发生土壤盐化　由于施肥不当，设施栽培下的土壤溶液浓度高出大田很多，一般年代越久，可溶性盐聚集越多。

5. 土壤微生态环境恶化　由于设施内空气湿度偏高，土壤湿度也较高，致使土壤微生物的生存环境发生改变，易生长一些病菌、有害菌和地下害虫，使土壤生物学性质恶化，栽培作物病虫害严重。

6. 土壤养分易失调　设施栽培条件下，容易造成养分吸收异常，导致营养失调。如土壤溶液中铵过高，会妨碍钙的吸收，从而导致缺钙生理性病害。

7. 易产生气体危害和土壤消毒造成的毒害　设施条件下换气较困难，产生的气体达到某种程度时，就会产生危害，设施栽培条件下常易出现的是氨气过多。设施土壤中存在较多病菌、有害菌和地下害虫，土壤消毒是经常进行的工作，土壤消毒后产生过多的铵和有效态锰，从而对作物产生毒害。

任务实施

改良设施土壤的措施包括：

1. 施足有机肥　设施栽培条件下，土壤比较疏松，好氧性微生物比较活跃，加快了有机质矿质化过程。增施有机肥，避免中后期因有机质含量降低导致土壤养分缓冲能力减弱而发生缺肥。

2. 加强管理 设施土壤要隔2～3年深翻一次，深度30～40cm，增加有效活土层，扩散盐类，增强土壤通气性和保水保肥能力；适当灌水排盐；整地起垄，提早进行灌溉、翻耕、耙地、镇压，最好进行秋季深翻。

3. 适时覆盖 覆盖既有利于提高地温，又有利于控制土壤水分蒸发，降低设施内空气湿度，减少病虫害发生。

4. 合理轮作，改善栽培制度 这样既能使作物吸收土壤中不同的养分，又可通过换茬减轻土传病害的发生，提高单位面积产量和总量。

5. 平衡施肥 选择合适的肥料种类，并根据测土分析结果适当增施磷、钾肥；氮肥不要一次施用过多，以"少食多餐"的形式施用；根据所种作物，施用微量元素肥料；根据实际情况，结合施用二氧化碳气肥。

6. 药物消毒 多年连茬种植前最好进行土壤药物消毒，可用的药物有石灰氮、活性炭、波尔多液、五氯硝基苯、甲醛、硫酸亚铁等多种。

能力转化

一、简答题

改良设施土壤的措施有哪些？

二、选择题

1. 设施土壤亦称保护地土壤，包括（　　）的土壤。

A. 温室　　B. 塑料大棚

C. 小拱棚　　D. 地膜覆盖条件下

2. 设施栽培条件下常易出现的是（　　）过多。

A. 氧气　　B. 氨气　　C. 沼气　　D. 二氧化碳

三、判断题

1. 设施土壤具有土壤温度高，土壤水分相对稳定，土面蒸发散失少，土壤养分转化快、淋失少的特征。（　　）

2. 在施肥过程中氮肥不要一次施用过多，以"少食多餐"的形式施用。（　　）

任务三　果园土壤改良与利用

知识准备

一、果园土壤概念

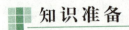

用于大面积种植果树的土壤称为果园土壤。北方果园土层深厚，质地适中，灌排条件好，肥力较高，无盐碱化。

二、果园土壤的特征

如果用土层较薄、土壤较贫瘠的山地或荒地建苹果、梨、桃、李等果园，栽植前又没进行过开园整地和培肥地力，果苗栽下后会因为土壤耕层浅、结构不良、肥力低、有机质含量少、酸碱度不适宜而生长不良。因此应针对存在的具体问题，及早采取措施进行土壤改良。

任务实施

果园土壤管理的措施主要是加强果园土、肥、水管理，采取合理的耕作管理措施。

1. 深翻结合施用有机肥料　两者结合可改良土壤的理化性状，促进土壤团粒结构的形成，增强土壤的透水性和保水能力，土壤微生物数量增加，并使难溶性营养物质转化为可溶性养分，提高了土壤熟化程度，提高了土壤肥力。深翻深度与地区、土质、树种等有关，一般稍深于果树主要根系分布层，以60～100cm为宜。黏性土壤深翻深度应较深，沙质土壤可适当浅；地下水位低、土层厚、深根性果树宜深翻，反之则浅。果园下层为半风化的岩石、沙砾时深翻深度应加深。下层有黄淤土、白干土或胶泥板时，深翻深度则以打破这层土为宜，以利渗水。常见的深翻方法有以下几种：

（1）扩穴深翻。幼树定植成活后开始自定植穴外缘每年向外扩展60～100cm，并深翻60～100cm。结合基肥，每年或隔年逐渐向外扩大树盘，把其中砾石、劣土掏出，回填好土和有机质，直至全园翻过为止。扩穴深翻每次用工较少，适用于面积大、劳动力较少的果园。但每次翻土范围较小，需3～4年才能完成。

（2）隔行或隔株深翻。隔行或隔株深翻适用于大面积的果园，如果分两次深翻，每次伤根较少，对果树生长有利，也便于机械化操作。

（3）全园深翻。除树盘下的土壤不翻外，一次全面深翻完毕。这种方法一次动土量大，需要劳力较多，但翻后便于平整土地，有利于果园耕作。

2. 因土改良　沙地果园土壤掺入黏土或黄胶泥，反之则掺入沙土；山地果园可采取修筑梯田、挖鱼鳞坑等措施，以防水土流失；平原果园要注意挖排水沟，以防汛期淹水。另外，幼树阶段可间作其他作物，成龄结果树可间作绿肥，并在夏季压青以增加土壤有机质。

3. 地面覆盖　实施地面覆盖措施，具有增温、保墒、减少蒸发，改良土壤理化性状，增加土壤有机质含量，提高土壤肥力，防止杂草滋生，减少中耕次数的显著效果，能有效地促进果实的生长发育。主要覆盖模式有：

（1）生草法。在果树的行间播种禾本科、豆科等草种，可起到改善土壤理化性状、有效防止水肥土流失等重要作用。

（2）清耕法。指园内不种作物，勤于耕锄，使土壤保持疏松无草，干旱地区采用这种方法较好。其优点是减少杂草和地面水分蒸发，积蓄和保存土壤水分，改善土壤空气状况，促进微生物活动，加速有机物分解，有利于根系的生长和吸收。如果结合分期追肥，还可促进新梢生长和花芽分化。但长期采用清耕法，土壤有机质迅速减少，还会使土壤结构遭到破坏，影响果树的生长发育。

（3）覆盖法。覆盖法是在树冠下或株间覆盖作物秸秆或杂草等。覆盖方式分全园覆盖和畦内或行内覆盖两种，不管采用哪种覆盖方式都要打好畦，畦埂要高大。覆盖前要有良好的墒情，施足追肥和松土平地。覆盖厚度一般为干草20cm左右，鲜草40cm左右，且注意厚薄均匀，覆盖物上点压少许土，以防风、防火。覆盖后，因覆盖物逐年腐烂，要不断补充新的秸秆或草等，保持覆盖物在15～20cm厚。覆盖时期一年四季都可进行，冬前覆盖有利于幼树安全越冬，减轻冻旱造成的抽条；雨季前覆盖有利于蓄水和稳定土温，减轻裂果，提高果品质量。杂草覆盖要在立秋打籽之前，灌木覆盖应在半木质化前进行。

（4）覆膜法。覆膜法是利用透明的地膜覆盖在果树盘或行间上的一种耕作方法，它具有提高并稳定地温、保持土壤水分、提高幼树定植成活率、增加土壤有效养分、促进根系生长，防止杂草生长，并有利提高花期分化质量和坐果率，以及增加果实着色，减少病虫害发生等作用。

能力转化

一、简答题

改良果园土壤的措施有哪些？

二、选择题

1. 导致果树生长不良的原因可能包括（　　）。

A. 土壤贫瘠　　B. 酸碱度不适宜

C. 土壤耕层浅　　D. 栽植前未开园整地和培肥地力

2. 黄河故道等沙荒地改良果园土壤时，可采取（　　）的办法。

A. 设置防风林网　　B. 种植绿肥

C. 培土填淤　　D. 中耕除草

三、判断题

1. 种植果树的土壤称为果园土壤。（　　）

2. 北方果园土层深厚，质地适中，灌排条件好，肥力较高，无盐碱化。（　　）

任务四 园林土壤改良与利用

知识准备

一、园林土壤概念

在园林绿化的过程中，应根据园林植物的生物学特性所要求的土壤条件，把园林植物种植在适宜其生长的土壤中；同时对已种植园林植物的土壤，应根据园林植物对土壤条件的需要，人为调节和改良土壤肥力因素，以提供满足园林植物生长需要的土壤条件，从而达到使园林植物按照预期生长发育的目的，这种种植园林植物的土壤称为园林土壤。

根据用途不同，园林土壤可分为三类：城市绿地土壤、保护地土壤和盆栽土壤。

二、城市绿地土壤的特征

1. 人为影响大，肥力性状差 自然土壤或耕作土壤经城市占用并受人类活动的影响，土壤性状会发生明显的变化。城市土壤微生物数量较少，植被类型明显减少；土壤生物量大幅度降低，土壤生物多样性下降；土壤物质流和能量流循环失衡，土壤物质运行受到阻隔；土壤腐殖质逐渐减少；土壤团粒结构被破坏，土壤结构趋向块状和片状，碴、砾增多；土壤紧实度加剧，土壤容重明显变大，孔隙状况不良，总孔隙度小，土壤持水能力降低；土壤酸性或碱性加剧，营养元素含量下降。

2. 土壤污染严重 城市化伴随工业发展，城市人口密度和数量增大，各种化学用品不断增加，生活垃圾、工程废料和生活废水及工业污染物排放等都是污染土壤的因素。

3. 净化功能明显降低，有害成分增加 城市土壤由于腐殖质呈明显的下降趋势，土壤生物活性明显降低，土壤黏土矿物更新过程放缓，所以土壤降解、转化污染物的能力大大降低，土壤过滤作用和净化功能明显减弱。各类污染物易进入地下水或通过生物链进入动、植物体内，造成城市地下水体污染和城市植物有害成分增加。

任务实施

城市绿地土壤管理措施有：

1. 加强城市绿地建设 城市规划中要规划出足够的城市绿地、城市公园、居住小区绿地，街道绿化造林形成网络。城市建设要树立绿色城市理念，重视保护植物残落物，尽量避免焚烧，促使土壤与残落物进行物质循环。

2. 加强城市垃圾回收和无害化处理 城市垃圾回收并进行无害化处理是控制有害物质进入土壤中的最有效手段之一。目前，我国城市垃圾回收和无害化处理设施建设相对滞后，加剧了处理场周围土壤的污染强度，对周边地下水存在潜在污染危害。

3. 树立城市生态地面硬化观 城市地面硬化要向生态硬化的方向发展，如制造各种网孔状的生态方砖，使水分通过网孔归还土壤，植被也能自然生长，再通过人工修剪保持美观。也可以在方砖孔内人工种植草坪，使硬化、绿化和水分循环形成三位一体格局。

能力转化

一、简答题

城市绿地土壤的管理措施主要有哪些？

二、选择题

1. 根据用途不同，园林土壤可分为三类：（　　）。

A. 城市绿地土壤　　B. 保护地土壤

C. 大棚土壤　　D. 盆栽土壤

2. 城市绿地土壤的特征包括（　　）。

A. 人为影响大，肥力性状差　　B. 土壤污染严重

C. 有害成分没有变化　　D. 有机物积累过多

三、判断题

1. 城市建设要树立绿色城市理念，可以对落叶做焚烧处理。（　　）

2. 城市垃圾回收并进行无害化处理是控制有害物质进入土壤中的最有效手段之一。（　　）

任务五　土壤退化与防治

知识准备

一、土壤退化概念

土壤退化是指土壤数量减少和质量降低的现象。数量减少表现为表土丧失，或整个土体毁坏，或土地被非农业占用；质量降低表现为土壤物理、化学、生物学方面的质量下降，包括土壤侵蚀、土壤沙化、土壤盐化、土壤污

染、土壤性质恶化（土壤板结、土壤酸化、土壤养分亏缺等）。

二、土壤退化类型及危害（表 1-6）

表 1-6　各种土壤退化的含义、危害

类　型	含　义	危　害
土壤侵蚀	指土壤在水、风、冻融等作用下，被破坏、剥蚀、搬运和沉积的全过程	水土流失，土壤质量退化；生态环境恶化，引起江河湖库淤积
土壤沙化	指因风蚀造成土壤质地变粗的过程	严重影响农牧业生产，大气环境恶化，威胁人类生存
土壤盐渍化	指易溶性盐在土壤表层积累的现象或过程	引起植物生理干旱；降低土壤养分有效性；恶化土壤理化性质；影响植物吸收养分
土壤污染	指在人类活动中所产生的污染物，通过不同途径进入土壤，其数量和速度超过了土壤的容纳能力和净化速度的现象	导致农产品污染超标，品质不断下降；导致大气环境次生污染；导致水体富营养化并成为水体污染的祸患；影响农业生态安全

任务实施

土壤退化的相应防治措施有：

1. 土壤侵蚀

（1）水利工程措施。进行坡面治理、沟道治理和小型水利工程。

（2）生物措施。种草种树、绿化荒山、农林牧综合经营。

（3）耕作措施。一是改变地面微小地形，如横坡耕作、沟垄种植、水平犁沟、筑埂做垄、等高种植、丰产沟等；二是增加地面覆盖，如间作套种、草田轮作、草田带状间作、宽行密植、利用秸秆杂草等进行生物覆盖、免耕或少耕等，三是增加土壤入渗，如增施有机肥、深耕改土、纳雨蓄墒并配合耙耱、浅耕等。

2. 土壤沙化

（1）营造防沙林。进行封沙育草，营造草障植物带等。

（2）实施生态工程。建立农林草生态复合经营模式。

（3）合理开发水资源。调控河流上中下游流量，挖蓄水池、打机井、多管井等。

（4）控制农垦和载畜量。

（5）采取综合治沙。采用机械固沙、化学固沙等技术。

3. 土壤盐渍化

（1）水利工程措施。排水、灌溉洗盐、放淤压盐。

（2）农业改良措施。种植水稻、耕作改良与增施有机肥料。

（3）生物措施。植树造林、种植绿肥牧草。

4. 土壤污染

（1）减少污染源。加强对土壤污染的调查和监测、控制并消除工业“三废”、控制化学农药使用、合理施用化肥。

（2）综合治理。一是采取客土、换土、隔离法、清洗法、热处理等工程措施；二是采取生物吸收、生物降解、生物修复等生物措施；三是加入沉淀剂、抑制剂、消除剂、颉颃剂、修复剂等改良剂；四是增施有机肥料，控制土壤水分，选择合适形态化肥，种植抗污染品种，改变耕作制度，改种木本植物和工业用植物；五是完善法制，发展清洁生产。

能力转化

一、简答题

土壤退化的防治措施有哪些？

二、选择题

1. 土壤质量降低包括（　　）。

A. 土壤侵蚀　　B. 土壤沙化　　C. 土壤盐化

D. 土壤污染　　E. 土壤性质恶化

2. 综合治理土壤污染的措施包括（　　）。

A. 客土、换土、隔离法、清洗法、热处理等工程措施

B. 生物吸收、生物降解、生物修复等生物措施

C. 加入沉淀剂、抑制剂、消除剂、颉颃剂、修复剂等改良剂

D. 增施有机肥料，控制土壤水分，选择合适形态化肥，种植抗污染品种，改变耕作制度，改种木本植物和工业用植物

E. 完善法制，发展清洁生产

三、判断题

1. 土壤污染是指在人类活动中所产生的污染物，通过不同途径进入土壤，其数量和速度超过了土壤的容纳能力和净化速度的现象。（　　）

2. 治理土壤沙化要大力发展畜牧业。（　　）

单元二

肥料特性与施用

能够直接或者间接地供给作物所需的养分，改善土壤性状，从而提高作物产量和改善作物品质的物质，都可称为肥料。根据提供植物养分的特性和营养成分，肥料可分为化学肥料（无机肥料）和有机肥料。

项目一　化学肥料

学习目标

知识目标　了解化学肥料、微量元素肥料的概念，明确复混肥料的概念及特点；了解氮肥、磷肥、钾肥、微量元素肥料、复混肥料的养分含量、成分、性质，掌握氮肥、磷肥、钾肥、微量元素肥料、复混肥料的施用方法。

技能目标　能合理施用氮肥、磷肥、钾肥、微肥及复混肥料，减少肥料损失，提高肥料利用率。

情感目标　明确因地制宜、合理施用肥料的意义。

化学肥料简称化肥，又称无机肥料，是指用化学方法制成的用矿石加工而成的肥料，主要包括氮肥、磷肥、钾肥、微量元素肥料（微肥）、复混肥料。化肥具有养分含量高、肥效快及便于贮运和施用的优点。

任务一　氮肥性质与施用

知识准备

一、碳酸氢铵

1. 成分与性质　分子式为 NH_4HCO_3，含氮量为 16.5%～17.5%，简称碳铵，氮素形态是 NH_4^+。碳酸氢铵为白色或微灰色，呈柱状结晶、粒状或板状，易溶于水，化学碱性，pH 为 8.2～8.4，容易吸湿结块、挥发，有强烈的刺激性臭味。它受热分解的各种成分（氨气、二氧化碳和水）均为植物和土壤所需，长期施用不会对土壤造成任何损害。

2. 施用技术　碳酸氢铵适用于各种作物和各类土壤，既可作基肥又可作追肥。碳酸氢铵作基肥时，可沟施或穴施，若能结合耕地深施，效果更好，但注意施用深度要大于 6cm（沙质土壤可更深些），施后立即覆土。碳酸氢铵作追肥时，可结合中耕，深施 6cm 以下，立即覆土，及时浇水。碳酸氢铵施用中应注意以下问题：

（1）不能与碱性肥料混合施用，否则易造成氨气挥发损失。

（2）做到“五不施”。即不拌细土不施、有露水不施、下雨不施、田内无寸水不施、烈日当空不施。

（3）施用时勿与作物种子、根、茎、叶接触，以免灼伤植物。

（4）不宜做种肥，否则可能影响种子发芽。

（5）忌与菌肥混用。碳酸氢铵施后会放出氨气，与菌肥接触，会使菌肥中的活菌体死亡，使菌肥失去效果。

（6）忌叶面喷施。碳酸氢铵叶面喷施时容易烧伤叶面，影响作物叶片光合作用。

（7）运输、贮存中，要轻装轻卸、包装严密，贮存在干燥阴凉处，不能与碱性肥料以及人粪尿等混合，以免损失有效肥分。

二、尿　素

1. 成分与性质　尿素，分子式为 $CO(NH_2)_2$，含氮量为 45%～46%。尿素为白色或浅黄色结晶体，无味、无臭，稍有清凉感，易溶于水，水溶液呈中性反应。尿素吸湿性强，在温度超过 20℃、空气相对湿度超过 80%时，吸湿性随之增大。由于尿素在造粒中加入石蜡等疏水物质，因此肥料级尿素吸湿性明显下降。尿素在造粒中温度过高就会产生缩二脲，对植物有抑制作用。缩二脲含量超过1%时不能作种肥、苗肥和叶面肥。

尿素在土壤中不残留任何有害物质，长期施用没有不良影响，施用入土后，在脲酶作用下，不断水解转变为碳酸铵或碳酸氢铵，才能被植物吸收利用。此转化过程在冬季（10℃左右）约需7d，而在夏季（30℃左右）仅2～3d，因此尿素作追肥时应提前4～8d施用。

2. 施用技术　因为尿素在转化前是分子态的，不宜被土壤吸持，应防止随水流失；此外，转化后形成氨易挥发损失。因此，合理施用尿素的基本原则是适量、适时和深施覆土。尿素适于做基肥和追肥，也可做种肥。

（1）作基肥。尿素可以在翻耕前撒施，也可以和有机肥掺混均匀后进行条施或沟施。北方小麦一般每667m^2 施用基肥15～20kg。蔬菜上应用可以与有机肥同时下地，也可以面肥先施再做畦，起垄时将尿素施入土中。果树随秋季施肥采用穴施的方法，每棵成年树施用3～4kg。尿素作基肥深施比表施效果好。

（2）作种肥。尿素作种肥需与种子分开，用量也不宜多。粮食作物每667m^2 用尿素5kg左右，须先和干细土混匀，施在种下方2～3cm处。如果土壤墒情不好，天气过于干旱，尿素最好不要做种肥。

（3）作追肥。尿素作追肥每667m^2 用10～15kg。旱植物可采用沟施或穴施，施肥深度7～10cm，施后覆土。有灌溉条件下作追肥可撒施后及时灌水。尿素作追肥应提前4～8d。

（4）作根外追肥。尿素最适宜作根外追肥（表2-1），其原因是：①尿素为中性有机物，不易烧伤茎叶。②尿素分子体积小，易透过细胞膜，施肥见效快，叶片吸收量高。

表2-1　尿素叶面施用的适宜浓度（%）

植　物	浓度	植　物	浓度
稻、麦、禾本科牧草	1.5～2.0	西瓜、茄子、甘薯、花生	0.4～0.8
黄瓜	1.0～1.5	桑、茶、苹果、梨	0.5
白菜、萝卜、菠菜、甘蓝	1.0	番茄、柿子、花卉	0.2～0.3

三、其他氮肥

以下是其他氮肥的种类、性质和施用要点（表2-2）。

表 2-2 其他氮肥的种类、性质和施用要点

肥料名称	化学成分	含氮量（%）	酸碱性	主要性质	施用要点
硫酸铵	$(NH_4)_2SO_4$	20～21	弱酸性	白色结晶，因含有杂质有时呈淡灰、淡绿或淡棕色，吸湿性弱，易溶于水	宜作种肥、基肥和追肥；在酸性土壤中长期施用，应配施石灰和钙镁磷肥，以防土壤酸化。水田不宜长期大量施用，以防硫化氢中毒；适于各种植物尤其是油菜、马铃薯、葱、蒜等喜硫植物
氯化铵	NH_4Cl	24～25	弱酸性	白色或淡黄色结晶，吸湿性小，易溶于水	一般作基肥或追肥，不宜作种肥。忌氯植物如烟草、葡萄、柑橘、茶叶、马铃薯等和盐碱地不宜施用
硝酸钙	$Ca(NO_3)_2$	13～15	中性	钙质肥料，吸湿性强	适用于各类土壤和植物，宜作追肥，不宜作种肥，不宜在水田中施用，贮存时要注意防潮

任务实施

氮肥损失的途径主要是通过挥发、淋失等途径，因此氮肥的合理施用主要是减少损失，提高氮肥利用率。

1. 根据植物特性合理分配与施用 不同植物对氮肥需要不同，一些叶菜类如大白菜、甘蓝和以叶为收获物的植物需氮较多；禾谷类植物需氮次之；而豆科植物能进行共生固氮，一般只需在生长初期施用一些氮肥；马铃薯、甜菜、甘蔗等淀粉和糖料植物一般在生长初期需要氮素充足供应；果树、蔬菜需多次补充氮肥，不能把全生育期所需的氮肥一次性施入。

同一植物的不同品种需氮量也不同，如杂交稻及矮秆水稻品种需氮较常规稻、籼稻和高秆水稻品种需氮多；同一品种植物不同生长期需氮量也不同。有些植物对氮肥品种具有特殊喜好，如马铃薯最好施用硫酸铵；麻类植物喜硝态氮；甜菜以硝酸钠最好；番茄在苗期以铵态氮较好，结果期以硝态氮较好。

2. 根据土壤特性合理分配与施用 一般的沙土、沙壤土保肥性能差，氨的挥发比较严重，因此氮肥应注意少量多次；轻壤土、中壤土有一定的保肥性能，可适当地多施一些氮肥；黏土的保肥、供肥性能强，施入土壤的肥料可以很快被土壤吸收固定，可减少施肥次数。

碱性土壤施用铵态氮肥应深施覆土；酸性土壤宜选择生理碱性肥料或碱性肥料，如施用生理酸性肥料应结合有机肥料和石灰。

3. 根据氮肥特性合理分配与施用 一般来讲，各种铵态氮肥如氨水、碳

酸氢铵、硫酸铵、氯化铵，可作基肥深施覆土；尿素适宜于一切植物和土壤，尿素、碳酸氢铵等不宜作种肥，而硫酸铵可作种肥。

硫酸铵可分配施用到缺硫土壤和需硫植物上，如大豆、菜豆、花生、烟草等；氯化铵忌施在烟草、茶、西瓜、甜菜、葡萄等植物上，但可施在纤维类植物上，如麻类植物；尿素适宜作根外追肥。

4. 铵态氮肥要深施　氮肥深施能增强土壤对铵离子的吸附作用，可以减少氨的直接挥发、随水流失等损失。氮肥深施还具有前缓、中稳、后长的供肥特点，其肥效可长达60～80d，能保证植物后期对养分的需要。深施有利于促进根系发育，增强植物对养分的吸收能力。氮肥深施的深度以植物根系集中分布范围为宜，对于一般农作物而言，追肥深度以10cm为宜。

5. 氮肥与有机肥料、磷肥、钾肥配合施用　由于我国土壤普遍缺氮，长期大量的氮肥投入，而磷、钾肥的施用相应不足，植物养分供应不均匀，影响了氮肥肥效的发挥。而氮肥与有机肥、磷肥、钾肥配合施用，既可满足植物对养分的全面需要，又能培肥土壤，使之供肥平稳，提高氮肥利用率。

6. 加强水肥综合管理，提高氮肥利用率　水肥综合管理，也能起到部分深施的作用，达到氮肥增产效果的目的。旱作撒施氮肥随即灌水，有利于降低氮素损失，提高氮肥利用率。

7. 施用长效肥料，提高氮肥利用率　施用长效氮肥，有利于植物的缓慢吸收，减少氮素损失和生物固定，降低施用成本，提高劳动生产率。

能力转化

一、简答题

结合当地土壤状况和种植种类，谈谈如何提高氮肥的利用率。

二、选择题

1. 碳铵的性质包括（　　）。

A. 白色或微灰色结晶　　B. 强烈的刺激性臭味　　C. 不溶于水

D. pH为8.2～8.4　　E. 容易吸湿结块、挥发

2. 适宜于任何植物和土壤的氮肥是（　　）。

A. 氨水　　B. 尿素

C. 硫酸铵　　D. 碳酸氢铵

三、判断题

1. 尿素水溶液呈酸性反应，因此，最适宜作根外追肥。（　　）

2. 碳铵在常温下有强烈的刺激性臭味。（　　）

3. 长期施用碳铵不会对土壤造成任何损害。（　　）

任务二 磷肥性质与施用

知识准备

一、过磷酸钙

过磷酸钙又称普通过磷酸钙、过磷酸石灰，简称普钙，其产量占全国磷肥总产量的70%左右，是磷肥工业的主要基石。

1. 成分与性质 过磷酸钙主要成分为磷酸一钙和硫酸钙的复合物[$Ca(H_2PO_4)_2 \cdot H_2O + CaSO_4$]，其中磷酸一钙约占其质量的50%，硫酸钙约占40%，此外5%左右的游离酸，2%～4%的硫酸铁、硫酸铝，其有效磷（P_2O_5）含量为14%～20%。

过磷酸钙为深灰色、灰白色或淡黄色等粉状物，或制成粒径为2～4mm的颗粒。其水溶液呈酸性反应，具有腐蚀性，易吸湿结块。由于硫酸铁、铝盐存在，吸湿后磷酸一钙会逐渐退化成难溶性磷酸铁、铝，从而失去有效性，这种现象称之为过磷酸钙的退化作用，因此在贮运过程中要注意防潮。

过磷酸钙施入土壤后，磷酸根离子与土壤中铁离子、铝离子和钙离子发生化学反应，生成难溶性磷酸盐，产生磷的固定，降低磷的肥效。

2. 施用技术 在农业生产上，提高过磷酸钙施用效果的原则就是尽量减少肥料与土壤颗粒的接触，以避免磷的化学固定；又要尽量增加肥料与植物根系的接触面积，应将磷肥施于植物根系密集分布的区域。过磷酸钙可以作基肥、种肥和追肥，具体施用方法为：

（1）集中施用。过磷酸钙不管作基肥、种肥和追肥，均应集中施用和深施。集中施用时旱地以条施、穴施、沟施的效果为好，水稻采用塞秧根和蘸秧根的方法。

（2）分层施用。在集中施用和深施原则下，可采用分层施用，即2/3磷肥作基肥深施，其余1/3在种植时作面肥或种肥施于表层土壤中。

（3）与有机肥料混合施用。混合施用可减少过磷酸钙与土壤的接触，同时有机肥料在分解过程中产生的有机酸能与铁、铝、钙等络合对水溶性磷有保护作用；有机肥料还能促进土壤微生物活动，释放二氧化碳，有利于土壤中难溶性磷酸盐的释放。

（4）制成颗粒肥料。颗粒磷肥表面积小，与土壤接触也小，因而可以减少吸附和固定，也便于机械施肥，颗粒直径以3～5mm为宜。密植植物、根系发达植物还是施用粉状过磷酸钙较好。

（5）根外追肥。根外追肥可减少土壤对磷的吸附固定，也能提高经济效果。施用浓度为水稻、大麦、小麦1.0%～2.0%；棉花、油菜、果蔬0.5%～1.0%。方法是将过磷酸钙与水充分搅拌并放置过夜，取上层清液喷施。

二、其他磷肥

几种常用磷肥的特点及施用要点见表2-3。

表2-3　常用磷肥的种类、性质及施用特点

肥料名称	主要成分	P_2O_5 (%)	主要性质	施用技术要点
重过磷酸钙	$Ca(H_2PO_4)_2$	36～42	深灰色颗粒或粉状，吸湿性强，含游离磷酸4%～8%，呈酸性，腐蚀性强，又称双料或三料磷肥	适用于各种土壤和植物，宜作基肥、追肥和种肥，施用量比过磷酸钙减少一半以上
钙镁磷肥	α-$Ca_3(PO_4)_2$、CaO、MgO、SiO_2	14～18	黑绿色、灰绿色粉末，不溶于水，溶于弱酸，物理性状好，呈碱性反应	一般作基肥，与生理酸性肥料混施，以促进肥料的溶解；在酸性土壤上也可作种肥或蘸秧根；与有机肥料混合或堆沤后施用可提高肥效
钢渣磷肥	$Ca_4P_2O_5 \cdot CaSiO_3$	8～14	黑色或棕色粉末，不溶于水，溶于弱酸，强碱性	一般作基肥；适于酸性土壤，水稻、豆科植物等肥效较好；其他施用方法参考钙镁磷肥
脱氟磷肥	α-$Ca_3(PO_4)_2$	14～18	深灰色粉末，物理性状好；不溶于水，溶于弱酸，碱性	施用方法参考钙镁磷肥
沉淀磷肥	$CaHPO_4 \cdot 2H_2O$	30～40	白色粉末，物理性状好；不溶于水，溶于弱酸，碱性	施用方法参考钙镁磷肥
偏磷酸钙	$Ca_3(PO_4)_2$	60～70	微黄色晶体，玻璃状，施于土壤后经水化可转变为正磷酸盐	施用方法参考钙镁磷肥，但用量要减少
磷矿粉	$Ca_3(PO_4)_2$ 或 $Ca_5(PO_4)_8 \cdot F$	>14	褐灰色粉末，其中1%～5%为弱酸溶性磷，大部分是难溶性磷	宜于作基肥，一般为每公顷50～100kg，施在缺磷的酸性土壤上，可与硫酸铵、氯化铵等生理酸性肥料混施
骨粉	$Ca_3(PO_4)_2$	22～23	灰白色粉末，含有3%～5%的氮素，不溶于水	酸性土壤上作基肥；与有机肥料混合或堆沤后施用可提高肥效

任务实施

磷易被土壤化学固定，所以磷在土壤中移动性很小，我国磷肥的当季利用

率在10%～25%，因此，提高磷肥利用率，是当前农业生产中的一个重要问题。具体措施如下：

1. 根据植物特性和轮作制度合理分配与施用 不同植物对磷的需要量和敏感性不同，一般豆科植物对磷的需要量较多，蔬菜（特别是叶菜类）对磷的需要量小。不同植物对磷的敏感程度为豆科和绿肥植物＞糖料植物＞小麦＞棉花＞杂粮（玉米、高粱、谷子）＞早稻＞晚稻。不同植物对难溶性磷的吸收利用差异很大，油菜、荞麦、肥田萝卜、番茄、豆科植物吸收能力强，马铃薯、甘薯等吸收能力弱，应施水溶性磷肥最好。

植物需磷的临界期都在早期，因此，磷肥要早施，一般作底肥深施于土壤，而后期可通过叶面喷施进行补充。

磷肥具有后效，在轮作周期中，不需要每季植物都施用磷肥，而应当重点施在最能发挥磷肥效果的茬口上。水旱轮作如油—稻、麦—稻轮作中，应本着“旱重水轻”原则分配和施用磷肥。旱地轮作中应本着越冬植物重施、多施；越夏植物早施、巧施原则分配和施用磷肥。

2. 根据土壤条件合理分配与施用 土壤供磷水平、有机质含量、土壤熟化程度、土壤酸碱度等因素都对磷肥肥效有明显影响。缺磷土壤要优先施用、足量施用，中度缺磷土壤要适量施用、看苗施用；含磷丰富土壤要少量施用、巧施磷肥。有机质含量高（＞25g/kg）土壤，适当少施磷肥，有机质含量低土壤，适当多施；酸性土壤可施用碱性磷肥和弱酸溶性磷肥，石灰性土壤优先施用酸性磷肥和水溶性磷肥。边远山区多分配和施用高浓度磷肥，城镇附近多分配和施用低浓度磷肥。

3. 根据磷肥特性合理分配与施用 过磷酸钙、重过磷酸钙等为水溶性、酸性速效磷肥，适用于大多数植物和土壤，但在石灰性土壤上更适宜，可作基肥、种肥和追肥集中施用。钙镁磷肥、脱氟磷肥、钢渣磷肥、偏磷酸钙等呈碱性，作基肥最好施在酸性土壤上，磷矿粉和骨粉最好作基肥施在酸性土壤上。

由于磷在土壤中移动性小，宜将磷肥分施在活动根层的土壤中，为了满足植物不同生育期对磷需要最好采用分层施用和全层施用。

4. 与其他肥料配合施用 植物按一定比例吸收氮、磷、钾等各种养分，只有在协调氮、钾平衡营养基础上，合理配施磷肥，才能有明显的增产效果。如小麦氮、磷、钾配比为1.0∶0.4∶0.6，甘蓝为1.0∶0.3∶0.3，大麦为3∶1∶1。

在酸性土壤和缺乏微量元素的土壤上，还需要增施石灰和微量元素肥料，才能更好发挥磷肥的增产效果。磷肥与有机肥料混合或堆沤施用，可减少土壤对磷的固定作用，促进弱酸溶性磷肥溶解，防止氮素损失，起到“以磷保氮”作用，因此效果最好，是磷肥合理施用的一项重要措施。

5. 施用方法要合理 在固磷能力强的土壤上，采用条施、穴施、沟施、塞秧根和蘸秧根等相对集中施用的方法；磷肥应深施于根系密集分布的土层中；也可采用分层施用，即2/3磷肥作基肥深施，其余1/3在种植时作面肥或种肥施于表层土壤中；根外追肥也是经济有效施用磷肥的方法之一，亦可制成颗粒磷肥，颗粒直径以3～5mm为宜，易于机械化施肥，但密植植物、根系发达植物还是粉状过磷酸钙好。

能力转化

一、简答题

过磷酸钙有哪些主要特性？如何合理施用才能提高其肥效？

二、选择题

1. 下列肥料中，属于速效性肥料的是（ ）。

A. 过磷酸钙 B. 骨粉 C. 钙镁磷肥 D. 磷矿粉

2. 不同植物对磷的需要量和敏感性不同，一般（ ）对磷的需要量较多。

A. 蔬菜 B. 豆科植物 C. 谷类 D. 棉花

三、判断题

1. 过磷酸钙水溶液呈碱性反应，具有腐蚀性，易吸湿结块。（ ）

2. 重过磷酸钙适用于各种植物，施用量比过磷酸钙减少一半以上。（ ）

任务三 钾肥性质与施用

知识准备

长期以来，我国农业生产中氮、磷肥投入迅速增加，钾肥的投入量较少，农田钾素处于严重亏缺状态，合理施用钾肥现已成为提高植物高产、优质、高效不可缺少的重要技术措施之一。以下是我国常用的钾肥种类、性质及施用要点（表2-4）。

表2-4 常用钾肥的种类、性质与施用要点

肥料名称	成分	K_2O（%）	主要性质	施用技术要点
氯化钾	KCl	50～60	白色或粉红色或淡黄色结晶，易溶于水，不易吸湿结块，生理酸性肥料	适于大多数植物和土壤，但忌氯植物不宜施用；宜作基肥深施，作追肥要早施，不宜作种肥。盐碱地不宜施用
硫酸钾	K_2SO_4	48～52	白色或淡黄色结晶，易溶于水，物理性状好，生理酸性肥料	可作基肥、追肥、种肥和根外追肥，适宜各种植物和土壤，对忌氯植物和喜硫植物有较好效果；酸性土壤上应与有机肥、石灰配合施用，不易在通气不良土壤上施用

（续）

肥料名称	成分	K_2O（%）	主要性质	施用技术要点
草木灰	K_2CO_3	5～10	主要成分能溶于水，碱性反应，还含有钙、磷等元素	适宜于各种植物和土壤，可作基肥、追肥，宜沟施或条施，也作盖种肥或根外追肥；不能与铵态氮肥和腐熟有机肥料混合施用

任务实施

1. 根据土壤条件合理施用钾肥 植物对钾肥的反应首先取决于土壤供钾水平，钾肥的增产效果与土壤供钾水平呈负相关（表 2-5），因此钾肥应优先施用在缺钾地区和土壤上。

表 2-5 土壤供钾水平与钾肥肥效

级别	土壤速效钾（mg/kg）	肥效反应	建议钾肥用量*（kg）
严重缺钾	<40	极显著	75～120
缺钾	40～80	较显著	75
含钾中等	80～130	不稳定	<75
含钾偏高	130～180	很差	不施或少施
含钾丰富	>180	不显效	不施

* 施用面积为 667m²。

一般来讲，质地较黏土壤，供钾能力一般，因此钾肥用量应适当增加。沙质土壤上，钾肥效果快但不持久，应掌握分次、适量的施肥原则，防止钾的流失，而且钾肥应优先分配和施用在缺钾的沙质土壤上。

干旱地区的土壤，钾肥施用量适当增加。在长年渍水、还原性强的水田，盐土、酸性强的土壤或土层中有黏盘层的土壤，对根系生长不利，应适当增加钾肥用量。盐碱地应避免施用高量氯化钾，酸性土壤施硫酸钾效果更好。

2. 根据植物特性合理施用钾肥 不同植物其需钾量和吸收钾的能力不同，钾肥应优先施用在需钾量大的喜钾植物上，如油料植物、薯类植物、糖料植物、棉麻植物、豆科植物以及烟草、果、茶、桑等植物，而禾谷类植物及禾本科牧草等植物施用钾肥效果不明显。

植物不同生育期对钾的需要差异显著，如棉花需钾量最大在现蕾至成熟阶段，葡萄在浆果着色初期。对一般植物来说，苗期对钾较为敏感。

对耐氯力弱、对氯敏感的植物，如烟草、马铃薯等，尽量选用硫酸钾；多数耐氯力强或中等植物，如谷类植物、纤维植物等，尽量选用氯化钾。水稻秧田施用钾肥有较明显效果。

在轮作中，钾肥应施用在最需要钾的植物中。如在麦—棉、麦—玉米、麦—花生轮作中，钾肥应重点施在夏季植物（棉花、玉米、花生等）上。

3. 养分平衡与钾肥施用　钾肥肥效常与其他养分配合情况有关。许多试验表明，钾肥只有在充足供给氮、磷养分基础上才能更好地发挥作用。在一定氮肥用量范围内，钾肥肥效有随氮肥施用水平提高而提高趋势；磷肥供应不足，钾肥肥效常受影响。当有机肥施用量低或不施时，钾肥有良好的增产效果，有机肥施用量高时会降低钾肥的肥效。

4. 采用合理的施用技术　钾肥宜深施、早施和相对集中施。施用时掌握重施基肥，看苗早施追肥原则。对保肥性差的沙性土壤，钾肥应基、追肥兼施和看苗分次追肥，以免一次用量过多，施用过早，造成钾的淋溶损失。宽行植物（玉米、棉花等）不论作基肥或追肥，采用条施或穴施都比撒施效果好；而密植植物（小麦等）采用撒施效果较好。

能力转化

一、简答题

结合当地土壤状况和种植种类，谈谈如何合理施用钾肥。

二、选择题

1. 氯化钾不适用于（　　）。

A. 盐碱地　　B. 基肥　　C. 追肥　　D. 忌氯作物

2. 钾肥应优先施用在需钾量大的植物上，如（　　）。

A. 油料植物　　B. 禾谷类植物　　C. 薯类植物　　D. 禾本科牧草

三、判断题

1. 草木灰可以和铵态氮肥混合施用。　　（　　）

2. 硫酸钾可以用在忌氯作物上。　　（　　）

任务四　微量元素肥料施用

知识准备

除了氮、磷、钾这些元素之外，作物生长发育还必需锌、硼、钼、锰、铁、铜这 6 种元素，由于作物对这些元素的绝对需要量极小，所以这 6 种元素被称为微量元素。具有 1 种或几种微量元素标明量的肥料称为微量元素肥料，简称微肥。

以下是我国目前常用的微量元素肥料种类、性质及施用要点（表 2-6）。

表 2-6 微量元素肥料的种类、性质与施用要点

微量元素肥料		主要成分	有效成分含量（%，以元素计）	性　质
硼肥	硼酸	H_3BO_3	B 17.5	白色结晶或粉末，溶于水，常用硼肥
	硼砂	$Na_2B_4O_7 \cdot 10H_2O$	11.3	白色结晶或粉末，溶于水，常用硼肥
	硼镁肥	$H_3BO_3 \cdot MgSO_4$	1.5	灰色粉末，主要成分溶于水
	硼泥		约 0.6	生产硼砂的工业废渣，呈碱性，部分溶于水
锌肥	硫酸锌	$ZnSO_4 \cdot 7H_2O$	Zn 23	白色或淡橘红色结晶，易溶于水，常用锌肥
	氧化锌	ZnO	78	白色粉末，不溶于水，溶于酸和碱
	氯化锌	$ZnCl_2$	48	白色结晶，溶于水
	碳酸锌	$ZnCO_3$	52	难溶于水
钼肥	钼酸铵	$(NH_4)_2MoO_4$	Mo 49	青白色结晶或粉末，溶于水，常用钼肥
	钼酸钠	$Na_2MoO_4 \cdot 2H_2O$	39	青白色结晶或粉末，溶于水
	氧化钼	MoO_3	66	难溶于水
	含钼矿渣		10	生产钼酸盐的工业废渣，难溶于水，其中含有效态钼含量为1%～3%
锰肥	硫酸锰	$MnSO_4 \cdot 3H_2O$	Mn 26～28	粉红色结晶，易溶于水，常用锰肥
	氯化锰	$MnCl_2$	19	粉红色结晶，易溶于水
	氧化锰	MnO	41～68	难溶于水
	碳酸锰	$MnCO_3$	31	白色粉末，较难溶于水
铁肥	硫酸亚铁	$FeSO_4 \cdot 7H_2O$	Fe 19	淡绿色结晶，易溶于水，常用铁肥
	硫酸亚铁铵	$(NH_4)_2SO_4 \cdot FeSO_4 \cdot 6H_2O$	14	淡绿色结晶，易溶于水
铜肥	五水硫酸铜	$CuSO_4 \cdot 5H_2O$	Cu 25	蓝色结晶，溶于水，常用铜肥
	一水硫酸铜	$CuSO_4 \cdot H_2O$	35	蓝色结晶，溶于水
	氧化铜	CuO	75	黑色粉末，难溶于水
	氧化亚铜	Cu_2O	89	暗红色晶状粉末，难溶于水
	硫化铜	Cu_2S	80	难溶于水

任务实施

微量元素肥料有多种施用方法。既可作基肥、种肥或追肥施入土壤，又可直接作用于植物，如种子处理、蘸秧根或根外喷施等。

1. 施于土壤 直接施入土壤中的微量元素肥料，能满足植物整个生育期对微量元素的需要，同时由于微肥有一定后效，因此土壤施用可隔年施用一次。微量元素肥料用量较少，施用时必须均匀，作基肥时，可与有机肥料或大量元素肥料混合施用。

2. 作用于植物 微量元素肥料常用方法包括种子处理、蘸秧根和根外喷施。

（1）拌种。用少量温水将微量元素肥料溶解，配制成较高浓度的溶液，喷洒在种子上。一般每千克种子 0.5～1.5g，一般边喷边拌，阴干后可用于播种。

（2）浸种。把种子浸泡在含有微量元素肥料的溶液中 6～12h，捞出晾干即可播种，浓度一般为 0.01%～0.05%。

（3）蘸秧根。具体做法是将适量的肥料与肥沃土壤少许制成稀薄的糊状液体，在插秧前或植物移栽前，把秧苗或幼苗根浸入液体中数分钟即可。如水稻可用 1%氧化锌悬浊液蘸根半分钟即可插秧。

（4）根外喷施。这是微量元素肥料既经济又有效的方法。常用浓度为 0.01%～0.20%，具体用量视植物种类、植株大小而定，一般每 667m^2 施用 40～75kg 溶液。

（5）枝干注射。果树、林木缺铁时常用 0.2%～0.5%硫酸亚铁溶液注射入树干内，或在树干上钻一小孔，每棵树用1～2g 硫酸亚铁盐塞入孔内，效果很好。

能力转化

一、简答题

以某种果树或蔬菜为例，说明微量元素的合理施用技术。

二、选择题

1. 微量元素是指（　　）、钼、锰、铁、铜这六种元素。

A. 氮　　B. 锌　　C. 硼　　D. 钙

2. 微量元素肥料有多种施用方法，包括（　　）。

A. 基肥　　B. 种肥　　C. 追肥　　D. 种子处理

E. 蘸秧根或根外喷施

三、判断题

1. 因植物对微量元素的需要量很小，所以微量元素不如大量元素重要。（　　）

2. 蘸秧根就是在插秧前或植物移栽前，把秧苗或幼苗根浸入肥料溶液中数分钟即可。（　　）

任务五　复合肥料施用

知识准备

一、复（混）合肥料概念及分类

复（混）合肥料是指氮、磷、钾 3 种养分中，至少有 2 种养分标明量的，由化学方法和（或）掺混方法制成的肥料。复（混）合肥料的有效成分，一般用N-P_2O_5-K_2O的含量百分数来表示。如18-46-0表示含氮18%、磷46%，总养分为64%的氮磷复混肥料；15-15-15表示含氮、磷、钾各15%，总养分为45%的复混肥料。

复（混）合肥料中几种主要营养元素含量百分数的总和，称为复（混）合肥料的总养分量。总养分量大于40%的复（混）合肥料料，为高浓度复（混）合肥料；大于30%为中浓度复（混）合肥料；三元肥料大于25%、二元肥料大于20%为低浓度复（混）合肥料。根据营养元素的种类，可将复（混）合肥料分成二元复（混）合肥料、三元复（混）合肥料、多元复（混）合肥料。

根据制造和加工方法，复混肥料可分为复合肥料、复混肥料和掺混肥料。

1. 化学合成的复合肥料 复合肥料是指在一定工艺条件下，利用化学方法加工而成的具有固定养分含量和配比的肥料，其中含有氮、磷、钾2种或2种以上元素的肥料，如磷酸二氢钾、磷酸一铵、磷酸二铵等。

2. 配成的复混肥料 复混肥料是以现成的单质肥料（如尿素、磷酸铵、氯化钾、硫酸钾、过磷酸钙、硫酸铵、氯化铵等）为原料，辅之以添加物，按一定的配方配制、混合、加工造粒而制成的肥料。目前市场上销售的复混肥料绝大部分都是这类肥料。

3. 混成的掺混肥料 掺混肥料又称配方肥、BB肥，它是由2种以上粒径相近的单质肥料或复合肥料为原料，按一定比例，通过机械掺混而成，是各种原料的混合物。这种肥料一般是农户根据土壤养分状况和植物需要随混随用。

商品复混肥料的营养元素成分和含量在肥料袋上都明确标记，购买复混肥料应看清外包装袋上是否有“三证”，即肥料标准号、生产许可证号、肥料登记证。“三证”缺一不可，同时也要看清氮、磷、钾三养分的含量。生产上也有根据植物的需要配成氮、磷、钾比例不同的专用肥，如小麦专用肥、西瓜专用肥、花卉专用肥或冲施肥料等，都属于复（混）合肥料。

二、复（混）合肥料特点

与单质肥料相比，复（混）合肥料具有以下特点：

1. 养分种类多，总养分含量高 复（混）合肥料含有2种或2种以上养分，能比较均衡地、较长时间地同时供应植物所需要的多种养分，并能充分发挥营养元素之间的互相促进作用。

2. 物理性状好，适合于机械化施肥 复（混）合肥料一般副成分少，不易吸湿结块，具有较好的流动性，因此适宜于机械化施肥。

3. 简化施肥程序，节省劳动力 选用有较强针对性的多元复（混）合肥料，可以减少施肥次数，节省劳动力，提高劳动效率。

4. 肥效持久，添加其他成分后功效增强　生产复（混）合肥料时，可加入硝化及尿酶抑制剂、稀土元素、除草剂、农药等成分，增加功效；也可利用包膜技术，生产缓释性复（混）合肥料，应用于草坪、高尔夫球场等，扩展应用范围。

5. 养分比例固定，难于满足施肥技术要求　这是复合肥料的不足之处，因此，可采取多功能与专用型相结合，研制肥效调节型肥料来克服其缺点。

国内外发展复（混）合肥料的总趋势是朝着高效化、液体化、复合化、缓效化方向发展。

三、复（混）合肥料的性质与施用

常见复（混）合肥料的性质与施用要点见表 2-7。

表 2-7　常见复（混）合肥料种类、性质与施用要点

肥料名称		组成和含量	性　质	施用技术要点
二元复合肥	磷酸铵	$(NH_4)_2HPO_4$ 和 $NH_4H_2PO_4$ N16%～18%， P_2O_5 46%～48%	水溶性，性质较稳定，多为白色结晶颗粒状	基肥或种肥，适当配合施用氮肥
	硝酸磷肥	NH_4NO_3、$(NH_4)_2HPO_4$ 和 $CaHPO_4$ N 12%～20%， P_2O_5 10%～20%	灰白色颗粒状，有一定吸湿性，易结块	基肥或追肥，不适宜于水田，豆科植物效果差
	磷酸二氢钾	KH_2PO_4 $P_2O_5$52%， K_2O 35%	水溶性，白色结晶，化学酸性，吸湿性小，物理性状良好	多用于根外喷施和浸种
	硝酸钾	KNO_3 N12%～15%， K_2O 45%～46%	水溶性，白色结晶，吸湿性小，无副成分	多作追肥，施于旱地和马铃薯、甘薯、烟草等喜钾植物
三元复合肥	硝磷钾肥	NH_4NO_3、$(NH_4)_2HPO_4$、KNO_3 N11%～17%， $P_2O_5$6%～17%， K_2O 12%～17%	淡黄色颗粒，有一定吸湿性。其中，N、K 为水溶性，P 为水溶性和弱酸溶性	基肥或追肥，目前已成为烟草专用肥
	硝铵磷肥	N、P_2O_5、K_2O 均为 17.5%	高效、水溶性	基肥、追肥
	磷酸钾铵	$(NH_4)_2HPO_4$ 和 K_2HPO_4 N、P_2O_5、K_2O 总含量达 70%	高效、水溶性	基肥、追肥

任务实施

一、复（混）合肥料的合理施用

复（混）合肥料增产效果与土壤条件、植物种类、肥料中养分形态等有关，若施用不当，不仅不能充分发挥其优点，而且会造成养分浪费，因此，在施用时应注意以下几个问题：

1. 根据土壤条件合理施用

（1）土壤养分状况。一般来说，在某种养分供应水平较高的土壤上，应选用该养分含量低的复（混）合肥料，例如，在含速效钾较高的土壤上，宜选用高氮、高磷、低钾复混肥料或氮、磷二元复混肥料；相反在某种养分供应水平较低的土壤上，则选用该养分含量高的复（混）合肥料。

（2）土壤酸碱性。在石灰性土壤宜选用酸性复混肥料，如硝酸磷肥系、氯磷铵系等，而不宜选用碱性复混肥料；酸性土壤则相反。

（3）土壤水分状况。一般水田优先施用尿素磷铵钾、尿素钙镁磷肥钾等品种，不宜施用硝酸磷肥系复（混）合肥料；旱地则优先施用硝酸磷肥系复（混）合肥料，也可施用尿素磷铵钾、氯磷铵钾、尿素过磷酸钙钾等，而不宜施用尿素钙镁磷肥钾等品种。

2. 根据植物特性合理施用 根据植物种类和营养特点施用适宜的复（混）合肥料品种。一般粮食植物以提高产量为主，可施用氮、磷复（混）合肥料；豆科植物宜施用磷、钾为主的复（混）合肥料；果树、西瓜等经济植物，以追求品质为主，施用氮、磷、钾三元复（混）合肥料可降低果品酸度，提高甜度；烟草、柑橘等“忌氯”植物应施用不含氯的三元复混肥料。

不同植物对氮、磷、钾三要素的需求比例也不一样，应根据其需肥特点，确定肥料配方。试验结果表明，适宜棉花施用的复（混）合肥料的三要素比例为1∶0.5∶1或1∶0.5∶0.5；西瓜为1∶0.4∶0.8；花生、大豆为1∶2∶1；苹果在育苗期和幼龄期为1∶1∶0.5，在多年生果树为1∶0.4∶0.8。

在轮作中上、下茬植物施用的复（混）合肥料品种也应有所区别。在北方小麦—玉米轮作中，小麦应施用高磷复混肥料，玉米应施用低磷复混肥料。

3. 根据复（混）合肥料的养分形态合理施用 含铵态氮、酰胺态氮的复（混）合肥料在旱地和水田都可施用，但应深施覆土，以减少养分损失；含硝态氮的复（混）合肥料宜施在旱地，在水田和多雨地区肥效较差。含水溶性磷的复（混）合肥料在各种土壤上均可施用，含弱酸溶性磷的复（混）合肥料更适合于在酸性土壤上施用。含氯的复（混）合肥料不宜在“忌氯”植物和盐碱地上施用。

4. 以基肥为主合理施用 由于复（混）合肥料一般含有磷或钾，且为颗粒状，养分释放缓慢，所以作基肥或种肥效果较好。复（混）合肥料作基肥要深施覆土，防止氮素损失，施肥深度最好在根系密集层，利于植物吸收；复（混）合肥料作种肥必须将种子和肥料隔开 5cm 以上，否则影响出苗而减产。施肥方式有条施、穴施、全耕层深施等，在中低产土壤上，条施或穴施比全耕层深施效果更好，尤其是以磷、钾为主的复（混）合肥料穴施于植物根系附近，既便于吸收，又减少固定。

5. 与单质肥料配合施用 复（混）合肥料种类多，成分复杂，养分比例各不相同，不可能完全适宜于所有植物和土壤，因此施用前根据复（混）合肥料的成分、养分含量和植物的需肥特点，合理施用一定用量的复（混）合肥料，并配施适宜用量的单质肥料，以确保养分平衡，满足植物需求。

二、肥料混合的原则

肥料混合必须遵循一定的原则：第一，肥料混合不会造成养分损失或有效性降低；第二，肥料混合不会产生不良的物理性状；第三，肥料混合有利于提高肥效和工效。根据这三条原则，肥料是否适宜混合通常有三种情况（图 2-1）：可以混合、可以暂混、不能混合。

△ 可以暂时混合但不宜久置

□ 可以混合

× 不可混合

1	硫酸铵												
2	硝酸铵	△											
3	碳酸氢铵	×	△										
4	尿素	□	△	×									
5	氯化铵	□	△	×	□								
6	过磷酸钙	□	△	□	□	□							
7	钙镁磷肥	△	△	×	□	×	×						
8	磷矿粉	□	△	×	□	□	△	□					
9	硫酸钾	□	△	×	□	□	□	□	□				
10	氯化钾	□	△	×	□	□	□	□	□	□			
11	磷铵	□	△	×	□	□	□	×	×	□	□		
12	硝酸磷肥	△	△	×	△	△	△	×	△	△	△	△	
		1	2	3	4	5	6	7	8	9	10	11	12
		硫酸铵	硝酸铵	碳酸氢铵	尿素	氯化铵	过磷酸钙	钙镁磷肥	磷矿粉	硫酸钾	氯化钾	磷铵	硝酸磷肥

图 2-1 肥料的混合

三、肥料与农药的混合

肥料与农药混合应严格遵循以下原则：不能因混合而降低肥效与药效；对植物无毒副作用；理化性质稳定；施用时间和方法应当一致。目前与肥料混合使用的农药以除草剂最多，杀虫剂次之，杀菌剂最少。

1. 混用方法 如果农药和化肥都是固体，并且都施于土壤，可以将两者直接混拌一起，撒施地表翻耕入土。如果药剂为可湿性粉剂，可用少量水把肥料表面拌湿，然后加药充分拌匀。如果药剂为乳油型或水剂型，可直接倒在肥料上混拌，如太湿可加少量干细土。能与某些农药混用的化肥有尿素、硫酸铵、过磷酸钙、氯化钾和氮磷钾复合肥。

进行叶面喷施时，乳油、水剂或可湿性粉剂，可与化肥配成水溶液、水乳液或水悬液，进行叶面喷施。可用此法的肥料有尿素、硫酸铵、硝酸铵、磷酸二氢钾等。

目前，比较成熟的肥料与农药配合有：除草剂2,4-滴、2,4,5-涕、西玛津、莠去津、利谷隆、二甲四氯、氟乐灵、氯苯胺灵等可以与化肥混合施用；杀虫剂马拉硫磷、二嗪磷、氯丹、乙拌磷、二溴丙烷、三硫磷、甲基谷硫磷等可与化肥混合施用；杀菌剂代森锰可与尿素、硫酸锰等混合施用。

2. 注意事项 碱性农药不宜与铵态氮肥和水溶性磷肥混合施用；碱性肥料不能与有机磷等混合施用；有机肥料不能与除草剂混合施用；自制混剂时，应预先做混合试验，如无不良变化，方可混用；液体混剂以现用现混为好，混后不宜长时间放置；最好选用比较成熟的混合类型，避免滥用，造成危害。

能力转化

一、简答题

结合实际，举例说明当地施用的复（混）合肥料主要有哪些品种。并谈谈如何合理施用复混肥。

二、选择题

1. 总养分量（　　）的复（混）合肥料，为高浓度复（混）合肥料。

A. ≥40%　　B. ≥30%　　C. ≥35%　　D. ≥25%

2. 购买复（混）合肥料应看清外包装袋上是否有“三证”，即（　　）。

A. 肥料标准号　　B. 生产许可证号

C. 营销许可证　　D. 肥料登记证

3. 旱地应优先施用（　　）复（混）合肥料。

A. 尿素磷铵钾　　B. 尿素钙镁磷肥

C. 硝酸磷肥系　　D. 磷酸钾铵

三、判断题

1. 复（混）合肥料是指含有 2 种或 2 种以上养分的肥料。（　）
2. 磷酸铵肥料中氮和磷的含量相同。（　）
3. 磷酸二氢钾肥料多用于根外喷施和浸种。（　）

项目二　有机肥料

学习目标

知识目标　了解有机肥料种类、特点与生产意义，明确生产中常用的有机肥料的主要类型与性质；掌握有机肥料的施用；了解商品有机肥的定义、分类和作用，掌握商品有机肥的施用方法。

技能目标　掌握有机肥料的堆制技术。

情感目标　明确有机肥料的环保意义，积极使用有机肥料。

有机肥料，也称农家肥料，是指农村就地取材、就地积制、就地施用的一类自然肥料。施用有机肥料的优势主要有以下几点：①改良土壤、培肥地力。有机肥料施入土壤后，有机质能有效地改善土壤理化状况和生物特性，熟化土壤，增强土壤的保肥、供肥能力和缓冲能力，为作物的生长创造良好的土壤条件。②增加产量、提高品质。有机肥料含有丰富的有机物并各种营养元素，为农作物提供营养。有机肥腐解后，为土壤微生物活动提供能量和养料，促进微生物活动，加速有机质分解，产生的活性物质等能促进作物的生长并提高农产品的品质。③提高肥料的利用率。有机肥含有养分多但相对含量低、释放缓慢，而化肥单位养分含量高、成分少、释放快，两者合理配合施用，相互补充。有机质分解产生的有机酸还能促进土壤和化肥中矿质养分的溶解。有机肥与化肥配合施用，相互促进，相互补充，有利于作物吸收养分，可显著提高化肥的肥效（表 2-8）。

有机肥料一般可分为五类：粪尿肥类、堆沤肥类、绿肥、杂肥、商品有机肥料等，其中粪尿肥类、堆沤肥类、绿肥、杂肥可以就地取材、就地积存、就地施用，也称农家肥料，而商品有机肥是以上有机肥料经过生产加工工艺而制成的有机肥。

表 2-8　有机肥料和化学肥料的比较

类　型	有机肥料	化学肥料
成分	富含有机质，营养元素种类齐全	不含有机质，营养元素种类单一
养分含量	较低	较高
肥效	缓慢、持久	速效、较短
土壤性质	改善土壤物理、化学及生物学性质，具有改土及培肥作用	可能导致土壤性质变坏、无改土作用
制造成本	就地取材，价格低廉	工厂制造，价格较贵
运输施用	体积大，贮存、运输、施用困难	体积小，贮存、运输、施用方便
病虫害	易导致病虫害、杂草生长	清洁卫生，无病虫害
生态环境	可美化环境，减轻污染	易导致土壤污染

任务一　农家肥料

知识准备

一、粪尿肥和厩肥

1. 人粪尿　人粪尿是一种养分含量高、肥效快的有机肥料。

（1）性质。人粪尿含氮量较高，而磷、钾含量较少，一般将它作氮肥施用（表 2-9）。人粪尿的排泄量和其中的养分及有机质的含量因人而异，不同的年龄、饮食状况和健康状况都不相同。

表 2-9　人粪尿的养分含量（鲜基，%）

种类	主要成分含量				
	水分	有机物	N	P_2O_5	K_2O
人粪	>70	20	1.00	0.50	0.37
人尿	>90	3	0.50	0.13	0.19
人粪尿	>80	5～10	0.5～0.8	0.2～0.4	0.2～0.3

人粪尿最好贮存腐熟后再施用，否则易造成传染病流行。人粪尿腐熟夏季需 6～7d，其他季节需 10～20d。贮存时应加盖密封、防漏，利用沼气发酵是人粪尿贮存的较好方法。

（2）施用。人粪尿适合于大多数植物，尤其是叶菜类植物（如白菜、甘蓝、菠菜等）、谷类植物（如水稻、小麦、玉米等）和纤维类植物（如麻类等），施用效果显著，但对忌氯植物（如马铃薯、甘薯、甜菜、烟草等）应当少用。

人粪尿适用于灌溉条件或雨水充足地区且含盐量在0.05%以下的土壤。对于灌溉条件较差的土壤和盐碱土，施用人粪尿时应加水稀释，以防土壤盐渍化加重。

人粪尿可作基肥和追肥施用，人尿还可以作种肥用来浸种。人粪尿每667m^2施用量一般为500～1 000kg，还应配合其他有机肥料和磷、钾肥。

2. 家畜粪尿　家畜粪尿肥主要指人们饲养的牲畜及禽类的排泄物，以下是各类家畜粪的性质与施用（表2-10）。

表2-10　家畜粪尿的种类性质与施用要点

家畜粪尿	性　质	施用技术要点
猪粪	质地较细，养分含量较高；分解较慢，产热少	适宜于各种土壤和植物，可作基肥和追肥
牛粪	质地细密，含水量较高，通气性差，分解较缓慢，释放出的热量较少，称为冷性肥料	适宜于有机质缺乏的轻质土壤，作基肥
马粪	疏松多孔，水分含量低，分解较快，释放热量较多，称为热性肥料	适宜于质地黏重的土壤，多作基肥
羊粪	质地细密干燥，有机质和养分含量高，分解较快，发热量较大，热性肥料	适宜于各种土壤，可作基肥
兔粪	富含有机质和各种养分，易分解，释放热量较多，热性肥料	多用于瓜果、蔬菜等植物，可作基肥和追肥
禽粪	粪质细腻，养分含量高于家畜粪，分解速度较快，发热量较低	适宜于各种土壤和植物，可作基肥和追肥

3. 厩肥　厩肥是以家畜粪尿为主，和各种垫圈材料（如秸秆、杂草、黄土等）、饲料残渣等混合积制的有机肥料的统称。

未经腐熟的厩肥不宜直接施用，腐熟后可用作基肥和追肥。作基肥时，要根据厩肥的质量、土壤肥力、植物的种类和气候条件等综合考虑。一般在通透性良好的轻质土壤上，可选择施用半腐熟的厩肥；在温暖湿润的季节和地区，可选择半腐熟的厩肥；在种植生育期较长的植物或多年生植物时，可选择腐熟程度较差的厩肥；而在黏重的土壤上，应选择腐熟程度较高的厩肥；在比较寒冷和干旱的季节和地区，应选择完全腐熟的厩肥；在种植生育期较短的植物时，则需要选择腐熟程度较高的厩肥。

二、堆沤肥与秸秆还田

堆肥、沤肥和沼气池肥都是以秸秆、杂草、树叶、绿肥、河塘泥和垃圾等为原料，添加一定量的人粪尿、家畜粪尿、禽粪和泥土等物质，在不同条件下积制而成的有机肥料。秸秆也可不经堆积或沤制，直接翻埋入田。

1. 堆肥

（1）堆肥的成分与性质。堆肥的性质基本和厩肥类似，其养分含量因堆肥原料和堆制方法不同而有差别（表2-11）。堆肥一般含有丰富的有机质，碳氮比较小，养分多为速效态；堆肥还含有维生素、生长素及微量元素等。

表2-11　堆肥的养分含量（%）

种类	水分	有机质	氮（N）	磷（P_2O_5）	钾（K_2O）	C/N
高温堆肥		24～42	1.05～2.00	0.32～0.82	0.47～2.53	9.7～10.7
普通堆肥	60～75	15～25	0.4～0.5	0.18～0.26	0.45～0.70	16～20

（2）堆肥的腐熟原理。堆肥的腐熟是一系列微生物活动的复杂过程。堆肥初期矿质化过程占主导，堆肥后期则是腐殖化过程占主导。普通堆肥因加入土多，发酵温度低，腐熟时间较长，需3～5个月。高温堆肥以纤维素多的原料为主，加入适量的人畜粪尿，腐熟时间短，发酵温度高，有明显的高温过程，能杀灭病菌虫卵、草籽等（表2-12）。

表2-12　堆肥腐熟的四个阶段变化

腐熟阶段	温度变化	微生物种类	变化特征
发热阶段	常温上升至50℃左右	中温好氧性微生物为主	分解材料中的蛋白质和少部分纤维素、半纤维素，释放出氨气、二氧化碳和热量
高温阶段	维持在50～70℃	好热性微生物为主	强烈分解纤维素、半纤维素和果胶类物质，释放出大量热能。同时，除矿质化过程外，也开始进行腐殖化过程
降温阶段	温度开始下降至50℃以下	中温性微生物为主	腐殖化过程超过矿质化过程占据优势
后熟保肥阶段	堆内温度稍高于气温	厌氧性微生物为主	堆内的有机残体基本分解，碳氮比降低，腐殖质数量逐渐积累起来，应压紧封严保肥

堆肥腐熟程度可从颜色、软硬程度及气味等特征来判断。半腐熟的堆肥材料组织变松软易碎，分解程度差，汁液为棕色，有腐烂味，可概括为“棕、软、霉”。腐熟的堆肥，堆肥材料完全变形，呈褐色泥状物，可捏成团，并有臭味，特征是“黑、烂、臭”。

堆肥主要做基肥，一般每667m^2施用量为1 000～2 000kg。用量较多时，可以全耕层均匀混施；用量较少时，可以开沟施肥或穴施。堆肥还可以作种肥和追肥使用，作种肥时常与过磷酸钙等磷肥混匀施用，作追肥时应提早施入土中。

2. 沤肥　沤肥是利用有机物料与泥土在淹水条件下，进行发酵积制的有机肥料。南方地区多采用沤制肥料。腐熟速度较为缓慢，一般作基肥施用。

3. 沼气肥　沼气发酵是用秸秆、粪尿、污泥、污水、垃圾等各种有机废弃物，在一定温度、湿度和隔绝空气的条件下，进行发酵，并产生沼气（CH_4）的过程。沼气可以作为能源利用，而发酵后的废弃物（池渣和池液）是优质有机肥。

池液是优质的速效性肥料，可用作土壤追肥，一般每 667m^2 施用量为 2 000kg，并且要深施覆土；用作叶面追肥，以梨、食用菌、西瓜、葡萄等经济植物最佳，将沼液和水按 1：（1～2）稀释，7～10d 喷施一次。此外，沼液还可以用来浸种。也可以和池渣混合作基肥和追肥施用，每 667m^2 基肥施用量为2 000～3 000kg，每 667m^2 追肥施用量为1 000～1 300kg。池渣可以单独作基肥或追肥施用。

4. 秸秆直接还田　秸秆直接还田不仅能直接提供植物养分，还有利于提高土壤有机质含量，改善土壤理化和生物学性状，促进团粒结构形成，提高土壤有机氮含量和促进土壤难溶性养分的溶解。秸秆直接还田还可以节省人力、物力。还田注意事项有：

（1）秸秆预处理。一般在前茬收获后将秸秆预先切碎或撒施地面后用圆盘耙切碎翻入土中；或前茬留高茬 15～30cm，收获后将根茬及秸秆翻入土中。

（2）配施氮、磷化肥。一般每 667m^2 配施碳酸氢氨 10～15kg 和过磷酸钙 15～20kg。

（3）还田量、耕埋时期及深度。一般每 667m^2 用量为 150～200kg，也可以将秸秆全部还田，旱地要在播种前 30～40d 还田为好，深度为 17～22cm。

（4）水分管理。对于旱地土壤，应及时灌溉，保持土壤相对含水量在 60%～80%，以利于秸秆的腐熟。

（5）毒素与病害。秸秆埋入土壤 5d 后，开始产生毒素，20d 后可达高峰，1 个月后逐渐下降而消失。对于染有病虫害的秸秆不能直接还田，应经过堆、沤或沼气发酵等处理后再施用。

三、绿　　肥

绿肥是指栽培或野生的植物，利用其植物体的全部或部分作为肥料，称之为绿肥。绿肥能提供大量新鲜有机质和钙素营养，可以改善土壤结构、固沙护坡，防止水土流失和土壤沙化。绿肥还可作为原材料积制有机肥料，也可作为饲料发展畜牧业。目前，我国绿肥主要利用方式有直接翻压、作为原材料积制有机肥料和用作饲料。

1. 直接翻压 绿肥直接翻压（也称压青）施用后的效果与翻压绿肥的时期、翻压深度、翻压量和翻压后的水肥管理密切相关。

（1）绿肥翻压时期。常见绿肥品种中紫云英应在盛花期；苕子和田菁应在现蕾期至初花期；豌豆应在初花期；柽麻应在初花期至盛花期。翻压绿肥时期一般应与播种和移栽期有一段时间间距，一般为 10d 左右。

（2）绿肥翻压量与深度。绿肥翻压量一般应控制在每667m^2 1 000～2 000kg，大田作物翻压深度应控制在 15～20cm，果园土壤可适当增加翻压深度。

（3）翻压后水肥管理。绿肥在翻压后，应配合施用磷、钾肥，从而充分发挥绿肥的肥效。对于干旱地区和干旱季节，还应及时灌溉，尽量保持充足的水分，加速绿肥的腐熟。

2. 配合其他材料进行堆肥和沤肥 可将绿肥与秸秆、杂草、树叶、粪尿、河塘泥、含有机质的垃圾等有机废弃物配合进行堆肥或沤肥。还可以配合其他有机废弃物进行沼气发酵，既可以解决农村能源问题，又可以保证有足够的有机肥料。

3. 协调发展农牧业 可以用作饲料，发展畜牧业。绿肥（尤其是豆科绿肥）粗蛋白含量较高，一般为 15%～20%（干基），是很好的青饲料，可用于家畜饲养。

四、杂 肥 类

杂肥类包括泥炭及腐殖酸类肥料、饼肥或菇渣、城市有机废弃物等，须经无害化处理后，用作基肥施用。

任务实施

一、厩肥的积制与腐熟

1. 厩肥的积制 厩肥常用的积制方法有3种，即深坑圈、平底圈和浅坑圈。

（1）深坑圈。我国北方农村常用的一种养猪积肥方式。圈内设有一个 1m 左右的深坑，为猪活动和积肥的场所，每日向坑中添加垫圈材料，通过猪的不断践踏，使垫圈材料和猪粪尿充分混合，并在缺氧的条件下就地腐熟，待坑满后一次性出圈。出圈后的厩肥，下层已达到腐熟或半腐熟状态，可直接施用，上层未腐熟的厩肥可在圈外堆制，待腐熟后施用。

（2）平底圈。地面多为紧实土底，或采用石板、水泥筑成，无粪坑设置，采用每日垫圈每日（或数日）清除的方法，将厩肥移至圈外堆制。牛、马、驴、骡等大牲畜常采用这种方法，每日垫圈每日清除。对于猪饲养来说，此法适合于大型养猪场，或地下水位较高、雨水较充足而不宜采用深坑圈的地区，一般采用每日垫圈数日清除的方法。平底圈积制的厩肥未经腐熟，需要在圈外堆腐，较费时费工，但比较卫生，有利于家畜健康。

（3）浅坑圈。深处介于深坑圈和平底圈之间，在圈内设 13～17cm 浅坑，一般采用勤垫勤起的方法，类似于平底圈。此法和平底圈差不多，厩肥腐熟程度较差，需要在圈外堆腐。

2. 厩肥的腐熟　除深坑圈下层厩肥外，其他方法积制的厩肥腐熟程度较差，都需要进行堆腐，腐熟后才能施用。目前，常采用的腐熟方法有冲圈和圈外堆制。冲圈是将家畜粪尿集中于化粪池沤制，或直接冲入沼气发酵池，利用沼气发酵的方法进行腐熟。此种方法多用于大型养殖场和家畜粪便能源化地区。

圈外堆制有两种方式，一种是紧密堆积法，将厩肥取出，在圈外另选地方堆成 2.0～3.0m 宽，长度不限，高 1.5～2.0m 的紧实肥堆，用泥浆或薄膜覆盖，在厌氧条件下堆制 6 个月，待厩肥完全腐熟后再利用。另一种为疏松堆积法，方法与紧密堆积法相似，但肥堆疏松，在好氧条件下腐熟。此法类似于高温堆肥的方法，肥堆温度较高，有利于杀灭病原体，加速厩肥的腐熟。此外，还可以两种堆制方法交替使用，先进行高温堆制，待高温杀灭病原体后，再压紧肥堆，在厌氧条件下腐熟，此法厩肥完全腐熟需要 4～5 个月。

厩肥半腐熟特征可概括为“棕、软、霉”，完全腐熟可概括为“黑、烂、臭”，腐熟过劲则为“灰、粉、土”。

二、高温堆肥的积制与腐熟

以下是高温堆肥的积制方法（表 2-13）。

表 2-13　高温堆肥的积制方法

工作环节	操作步骤	技术要求
场地选择	选择合适的堆制地点，根据堆肥材料的数量确定场地大小和形状，一般以长方形为佳。一般要在地面画出相应平面图，以便于材料堆积	场地应背风、向阳、靠近水源处
备料配料	以秸秆为主的高温堆肥配料：风干植物秸秆 500kg，鲜骡、马粪 300kg（需破碎），人粪尿 100～200kg，水 750～1 000kg 以垃圾为原料堆肥的配料：垃圾与粪便之比为 7∶3 混合，或垃圾与污泥之比为 7∶3 混合，或垃圾、粪便与秸秆、杂草按 1∶1∶1 比例混合	秸秆需要切碎至 3～5cm，以便于腐熟；材料的选择可根据当地具体情况考虑

（续）

工作环节	操作步骤	技术要求
材料堆制	将规划出的堆肥场地地面夯实，再将堆肥材料混合均匀，开始在场地中堆积，材料堆积中适当压紧。当堆积物至18～20cm高时，可用直径为10cm的木棍，在堆积物表面达成井字形，并在木棍交叉点向上立木棍，然后再继续堆积材料至完成。材料堆积完成后，在肥堆表面用泥封好，厚度为4～8cm。待泥稍干后，将木棍抽出，形成通气孔	如在堆制过程中没有木棍，也可以用长的玉米秸秆或高粱秸秆捆成直径为10～15cm的秸秆束，代替木棍搭建通气孔，但封堆后秸秆束不用抽出，留在肥堆中做通气孔
堆后管理	地面施堆肥一般在堆制5～7d后，堆温就可以升高，再经过2～3d，肥堆温度就可达70℃，待达到最高温度10d后，肥堆温度开始下降，可进行翻堆。翻堆时可适当补充人粪尿和一定水分，有利于第二次发热。翻堆后仍旧用泥封好肥堆，继续发酵。10余天后，可再进行第二次翻堆	全部腐熟时间需2～3个月（春冬季节），腐熟的堆肥呈黑褐色，汁液为浅棕色或无色，有氨气的臭味，材料完全腐烂变形，极易拉断，体积减小30%～50%，即出现“黑、烂、臭”特征，标志肥料已经腐熟

能力转化

一、简答题

有机肥料和化学肥料相比有哪些特点？其作用是什么？

二、选择题

1. 厩肥、堆肥半腐熟特征可概括为（　　），完全腐熟可概括为（　　）。

   A. “灰、粉、土”　　B. “棕、粉、臭”

   C. “棕、软、霉”　　D. “黑、烂、臭”

2. 下列属于热性肥料的是（　　）。

   A. 猪粪　　B. 牛粪

   C. 羊粪　　D. 马粪

3. 绿肥直接翻压（压青）施用后的效果与绿肥的（　　）密切相关。

   A. 翻压时期　　B. 翻压量

   C. 翻压深度　　D. 翻压后的水肥管理

三、判断题

1. 人粪尿适合于大多数植物，并且直接施用即可。（　　）

2. 沼气可以作为能源利用，而发酵后的废弃物（池渣和池液）是优质的速效性有机肥。（　　）

3. 高温堆肥时秸秆需要切碎至5～7cm，便于腐熟。（　　）

任务二　商品有机肥

知识准备

一、商品有机肥概念及分类

商品有机肥是指以各种动物废弃物（包括动物粪便、动物加工废弃物）和植物残体（饼肥类、作物秸秆、落叶、枯枝、草炭等）为主要原料，采用物理、化学、生物或三者兼有的处理技术，经过一定的加工工艺（堆制、高温、厌氧等技术），消除其中的有害物质（病原菌、病虫卵害、杂草种籽等）达到无害化标准而形成的，符合国家相关标准及法规的一类肥料。

根据其加工情况和养分状况，分为精制有机肥、有机复混肥和生物有机肥。精制有机肥为纯粹的有机肥料。有机复混肥是一种既含有机质又含适量化肥的复混肥。生物有机肥是指以特定功能微生物与动、植物残体（如畜禽粪便、农作物秸秆等）为主要原料经无害化处理后腐熟而成的有机肥，是兼具微生物肥料和有机肥效应的复合肥料。

二、商品有机肥作用

商品有机肥为土壤提供了大量有机养分和活性物质，如氨基酸、腐殖酸、糖类以及核酸的降解产物，均可供作物直接吸收，并可刺激根系生长。其中有机肥含有大量微生物，能加速土壤中有机态养分的分解和循环。经过充分腐熟，有机肥中有害物质及有害菌类的含量大大降低，减少了对土壤和环境的污染，施用操作过程简单，施用后能有效地改善土壤和根际环境。

任务实施

商品有机肥在施用方法上主要作基肥，每667m^{2}施用200～500kg，也可作追肥，但用量应适当减少，并配施适量化肥。

商品有机肥施用后，前期作用明显，能够明显地促进作物前期的长势，但容易出现后期底肥不足，致使作物早衰的现象。所以在施用时，应根据地力情况，合理核算成本投入，合理进行选择施用，做到粪肥、商品有机肥和化肥的有效结合，打好丰产、稳产的养分供应基础。

能力转化

一、简答题

什么是商品有机肥？如何合理施用商品有机肥？

二、选择题

1. 商品有机肥是以（　　）和（　　）为主要原料制成的肥料。

A. 动物废弃物　　B. 工业废弃物

C. 植物残体　　D. 生活废弃物

2. 商品有机肥在施用方法上每 $667m^2$ 施用（　　）。

A. 300～700kg　　B. 200～500kg

C. 100～300kg　　D. 200kg

三、判断题

1. 商品有机肥施用后容易出现前期底肥不足，致使作物早衰的现象。（　　）

2. 商品有机肥在施用方法上主要作种肥。（　　）

单元三
平衡施肥技术

平衡施肥技术是科学施肥的新概念、新技术，在生产实际中，要解决施用何种肥料最有效、施用多少肥料最经济以及如何发挥有限肥料的最大效益等问题，首先应该了解作物营养特性与施肥的关系，明确土壤肥力状况和肥料的基本性质，从而实现作物高产、优质、高效的综合目标。

项目一　平衡施肥技术基础

学习目标

知识目标　了解植物营养特性，掌握植物营养失调症的诊断方法，明确植物缺素的典型症状；了解平衡施肥基本概念，掌握适宜的施肥时期、施肥方法、施肥量及养分配合比例，明确施肥量的计算。

技能目标　能够正确区分和判别植物缺素症状，学会测土配方施肥技术方法，学会施肥量的估算，掌握北方地区主要果树、蔬菜、农作物平衡施肥技术。

情感目标　培养节省肥料、保护环境、保障植物安全生产的理念，明确平衡施肥技术的好处。

任务一　植物营养特性与施肥原理

知识准备

一、植物营养成分

1. 植物体内的组成元素　一般新鲜的植物体含有75%～95%的水分和

5%～25%的干物质。在干物质中有机物质占其质量的90%～95%，其组成元素主要是碳、氢、氧和氮等；其余的5%～10%为矿物质，也称为灰分，由多种元素组成，据现代分析技术研究表明，在植物体内可检测出70多种矿质元素，几乎自然界里存在的元素在植物体内都能找到。

营养元素是指植物体内不可缺少的化学元素，如果缺少该元素时，植物就会显示出特殊的、专一的缺素症状，它对植物起直接的营养作用。到目前为止，已经确定为植物生长发育所必需的营养元素有16种，即碳（C）、氢（H）、氧（O）、氮（N）、磷（P）、钾（K）、钙（Ca）、镁（Mg）、硫（S）、铁（Fe）、锰（Mn）、硼（B）、铜（Cu）、锌（Zn）、钼（Mo）、氯（Cl）。

在植物必需的营养元素中，碳、氢、氧3种元素来自空气和水分，氮和其他灰分元素主要来自土壤（图3-1）。由此说明土壤不仅是植物扎根立足的场所，而且还是植物所需养分的供应者。

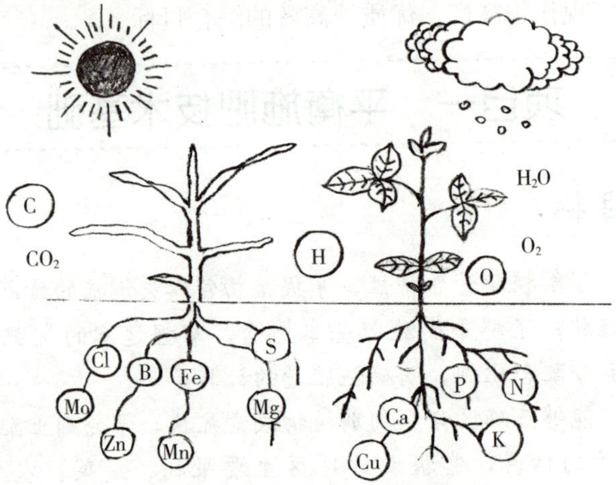

图3-1　植物生长必需元素及其来源

在各种营养元素中，氮、磷、钾是植物需要量和收获时带走较多的营养元素，而且，它们通过残茬和根的形式归还给土壤的数量不多，常表现为土壤中有效含量较少，必须通过施肥加以调节，以供植物吸收利用。因此，氮、磷、钾被称为肥料三要素。

2. 植物必需营养元素的分组　通常根据植物对16种必需营养元素的需要量不同，分为大量营养元素和微量营养元素（表3-1）。

（1）大量营养元素。大量营养元素一般占植株干物质质量的百分之几十到千分之几。它们是碳（C）、氢（H）、氧（O）、氮（N）、磷（P）、钾（K）、钙（Ca）、镁（Mg）、硫（S）9种。

（2）微量营养元素。微量营养元素占植株干物质质量的千分之几到十万分之几。它们是铁（Fe）、硼（B）、锰（Mn）、铜（Cu）、锌（Zn）、钼（Mo）、氯（Cl）7种。

表 3-1　高等植物必需营养元素的适合含量（以干重计）及利用形态

类别	营养元素	利用形态	含量（%）	类别	营养元素	利用形态	含量（mg/kg）
大量营养元素	碳（C）	CO_2	45	微量营养元素	氯（Cl）	Cl^-	100
	氧（O）	O_2、H_2O	45		铁（Fe）	Fe^{3+}、Fe^{2+}	100
	氢（H）	H_2O	6		锰（Mn）	Mn^{2+}	50
	氮（N）	NO_3^-、NH_4^+	1.5		硼（B）	$H_2BO_3^-$、$B_4O_7^{2-}$	20
	磷（P）	$H_2PO_4^-$、HPO_4^{2-}	0.2		锌（Zn）	Zn^{2+}	20
	钾（K）	K^+	1.0		铜（Cu）	Cu^{2+}、Cu^+	6
	钙（Ca）	Ca^{2+}	0.5		钼（Mo）	MoO_4^{2-}	0.1
	镁（Mg）	Mg^{2+}	0.2				
	硫（S）	SO_4^{2-}	0.1				

3. 植物必需营养元素之间的相互关系　植物必需营养元素在植物体内构成了复杂的相互关系，这些相互关系主要表现为同等重要和不可代替的关系。即必需营养元素在植物体内不论含量多少都是同等重要的，任何一种营养元素的特殊生理功能都不能被其他元素所代替。

二、植物对养分的吸收

植物吸收养分的器官主要是根、叶、茎等。一般把植物营养分为根部营养和根外营养两种方式。根部营养是指植物通过根系从营养环境中吸收养分的过程；根外营养是指植物通过叶、茎等根外器官吸收养分的过程。

1. 植物的根部营养　植物吸收养分和水分的重要器官是根系。影响养分吸收的因素主要有：

（1）土壤温度。在0～30℃范围内，随着温度的升高，根系吸收养分加快，吸收的数量也增加；当温度低于2℃时，或当土温超过30℃以上时，养分吸收也显著减少。因此，只有在适当的温度范围内，植物才能正常较多地吸收养分。

（2）光照。光照充足，吸收的能量多，养分吸收也就多；反之，光照不足，养分吸收的数量和强度就少。

（3）土壤通气性。土壤通气良好，有利于植物对养分的吸收；反之，土壤排水不良，呈厌氧状态，植物吸收养分能力下降。在农业生产中，施肥结合中耕，目的之一就是促进植物吸收养分，提高肥料利用率。

（4）土壤酸碱性。土壤 pH 为 6.5～7.0 时，大多数养分的有效性最高或接近最高，因此这一范围通常认为是最适 pH 范围。

（5）养分浓度。植物对土壤溶液中某些养分的吸收速度，决定于该养分的浓度。一般说来，随着离子浓度的增加，植物对养分的吸收速率逐渐增加；浓度继续增加时，吸收速率增加变慢；当离子浓度达到一定程度时，植物对养分的吸收速率不再增加。

2. 植物的根外营养 根外营养是补充根部营养的一种辅助方式，尤其是在根部营养吸收受阻的情况下，可及时通过叶部、茎等吸收营养进行补救。

根外营养和根部营养比较起来，一般具有以下特点：①直接供给养分，防止养分在土壤中的固定。②吸收速率快，能及时满足植物对养分的需要。③直接促进植物体内的代谢作用，有促进根部营养、提高植物产量和改善品质的作用。④可以节省肥料，经济效益较高。

三、植物吸收养分的关键期

在植物整个生长周期中，除种子营养和植物生长后期根部停止吸收养分的阶段外，其他阶段都要从土壤中吸收养分。植物营养期是指植物从土壤中吸收养分的整个时期。植物在营养期中不间断地持续吸收养分，在生产实际中施用基肥，对保证植物整个营养期养分的持续供应具有重要作用。

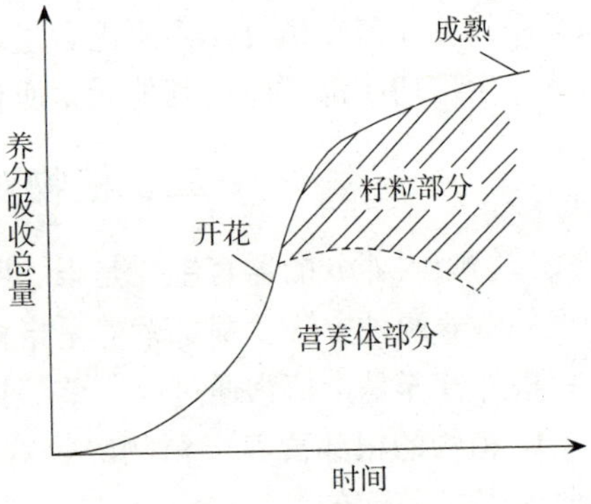

图 3-2　植物生长发育期间吸收养分的变化规律

在植物营养期期间，植物对养分的吸收既有连续性又有明显的阶段性（图 3-2）。其中，有两个极为关键的时期，一个是植物营养的临界期，另一个是植物营养的最大效率期。

（1）植物营养的临界期。在植物生长的早期过程中，有一时期对某种养分的要求在绝对数量上不多，但很敏感，需要迫切，此时如缺乏这种养分，植物生长发育和产量都会受到严重影响，且由此造成的损失，即使以后补施该种养分也很难纠正和弥补，这个时期称为植物营养的临界期。

（2）植物营养最大效率期。在植物生长的旺盛时期，或在营养生长与生殖生长并进时期，植物生长量大，需要养分的绝对数量最多，吸收速率最快，对施肥反应最为明显，肥料的作用最大，增产效率最高，这个时期称为植物营养最大效率期。为了获得较大的增产效果，应抓住植物营养最大效率期这一有利时期适当追肥，以满足植物生长发育的需要。

四、施肥原理

1. 植物必需营养元素同等重要、不可代替律　植物生长发育必需的各种营养元素（养分）虽然需要量有多有少，作用各不相同，但是同样重要、缺一不可，且不能相互代替。缺少哪种元素，就必须施用含这种元素的肥料来补充，各养分之间也必须有一定的比例。过量施用某种肥料就会破坏养分平衡，影响作物对其他养分的吸收，还会浪费肥料，降低作物产量和品质，甚至污染环境，危害人类。

2. 养分归还学说　养分归还学说中心内容是：①随着植物的每次收获（包括籽粒和茎秆）必然要从土壤中带走一定量的养分。②如果不正确地归还养分于土壤，土壤肥力必然会逐渐下降。③要想恢复土壤肥力，必须归还从土壤中带走的全部东西。④为了增加植物产量，应该向土壤施加矿质元素。

需要明确的是应该归还哪些元素，要根据植物特性和土壤养分的供给水平而定。根据研究，各种营养元素的归还程度大体上可以分为高度、中度、低度3个等级（表3-2）。氮、磷、钾3种元素归还比例小，需要重点补充，因此称作肥料三要素。

表3-2　植物营养元素归还比例

归还程度	归还比例（%）	需要归还的营养元素	补充要求
低度归还	<10	N、P、K	重点补充
中度归还	10～30	Ca、Mg、S等	依土壤和植物而定
高度归还	>30	Fe、Al、Mn等	不需要补充

3. 最小养分律　最小养分律是指植物为了生长发育，需要吸收各种养分，但是决定植物产量的却是土壤中那个相对含量最小的有效养分。植物产量在一定范围内，随着这个最小养分的增减而变化，忽视这个养分限制因素，即使继续增加其他养分，植物产量仍难以提高。

应用最小养分律要注意以下几点：①最小养分不是指土壤中绝对含量最少的养分，而是按植物对养分的需要量来讲，土壤供给能力最低的那种养分。②最小养分是限制植物生长发育和提高产量的关键。要想提高植物的产量，在施肥时必须首先补充这种养分。③最小养分不是固定不变的，而是随条件变化而变化的。当土壤中某种最小养分增加到能够满足植物需要时，这种养分就不再是最小养分，另一种元素又会成为新的最小养分。④如果不针对性补充最小养分，即使其他养分增加再多，也不能提高植物产量，而只能造成肥料的浪费。⑤最小养分通常是大量元素，但并不排除微量元素成为最小养分的可能性。

图 3-3　最小养分律

4. 报酬递减律　报酬递减律首先是欧洲经济学家杜尔哥和安德森提出来的，它反映了在技术条件不变的情况下投入与产出的关系。在农业生产中，反映投入（肥料、劳力等）与产出（产品收益）之间客观存在的规律。如在生产条件相对稳定的前提下，随着施肥量增加，作物产量增加，但单位化肥增加的产品下降。

（1）增施肥料的增产量×产品单价＝增施肥料量×肥料单价。此时增施化肥经济上是有利的，既增产又增值。

（2）增施肥料的增产量×产品单价＞增施肥料量×肥料单价。此时施肥的总收益最高，可称为最佳施肥量。

（3）如果达到最佳施肥量后，再增施肥料，其增产量×产品价格＜增施肥料量×肥料单价。此时增施肥料会使作物略有增产，甚至达到最高产量，但增施肥料反而成了赔本买卖，使总收益下降。

（4）达到最高产量后，增施肥料则会导致减产。

报酬递减律对于施肥指导的意义有两点：①施肥要适量，要避免追求最高产量而盲目施肥。②把有限的肥料投入到中低产地区或田块，发挥肥料最大的经济效益。

5. 因子综合作用律　因子综合作用律中心内容为植物产量是光照、水分、养分、温度、品种及耕作栽培措施等因子综合作用的结果，但其中必有一个起主导作用的限制因子，产量在一定程度上受该限制因子的制约。即影响植物生长的基本环境条件主要有光照、水分、养分、温度、品种及耕作栽培措施等因子，植物生长状况常取决于这些因子，而且它们之间需要良好地配合，假若其中某一因素和其他因子失去平衡，就会影响甚至完全阻碍植物生长，并最终表现在植物产量上。

因子综合作用律基本上是正确的。它对指导施肥有着重要的实际意义。在施肥实践中，不仅要注意到养分因子中的最小养分，还不能忽视养分以外生态因子供给能力相对较低的因子的影响。

任务实施

一、植物营养失调症的诊断

植物正常生长发育需要吸收16种必需营养元素，它们在植物体内具有各自独特的生理功能，作物营养失调症是指植物因缺乏某种必需营养元素，或某一元素吸收过多导致代谢紊乱而出现的生理病症，它可以通过合理施肥或改善环境条件来解决，而对于病原菌侵染而引起的病害，可用喷洒农药的方法来防治。植物营养失调症状通常表现为叶色变异，如失绿、黄化或发红（紫）；组织坏死，出现黑化、枯斑、生长点萎缩或死亡；以及株型异常、器官畸变等。对于植物外表虽不表现出某种缺乏症，但产量因受营养元素不足而下降的现象，称为营养元素潜在性缺乏。作物营养诊断方法如下：

1. 形态诊断　根据植物形态症状及其出现部位可以推断缺乏或过量哪种元素。形态诊断的最大优点是不需要任何仪器设备，简单方便。但形态诊断有它的缺点和局限性：①凭视觉判断，易造成误诊，遇疑似症、重叠缺乏症等难以准确定论。②凭经验判断，只有长期从事这方面工作具有丰富实践经验的工作者才可能应付自如。③形态诊断是出现症状之后的判断，此时作物生育已显著受损，产量损失已成定局，因此，对指导当季植物管理意义不大。

2. 植株化学诊断　植物营养失调时，体内某些元素含量必然失衡，分析作物体内元素含量与参比标准比较作出丰缺判断，是诊断的基本手段之一。植株成分分析可分全量分析和组织速测两类，前者测定作物体元素的含量，采用常规分析技术测定全部植物必需元素或某种营养元素，所用仪器精度高，所得数据资料可靠，通常是诊断结论的基本依据，但全量分析费工、费时，一般只能在实验室里进行。组织速测是通过测定作物茎叶，利用显色反应、目测分级或速测仪器简易测定，其操作快速简便，一般适于田间诊断，通常作为是否缺乏某种元素的大致判断，测试的范围目前局限于几种大量元素如氮、磷、钾等，而微量元素因为含量极微，精度要求高，因此，难以用速测法测定结果。

3. 土壤化学诊断　测定土壤养分含量与参比标准比较进行丰缺判断。作物需要的矿质养分基本上都是从土壤中吸取，产量高低的基础是土壤的养分供应能力，所以土壤化学诊断一直是指导施肥实践的重要手段。根据土壤养分含量与作物产量关系划分养分等级，通常分三级，以高、中、低表示，高——施肥不增产；中——不施肥可能减产，但幅度不超过20%～25%；低——不施肥显著减产，减产幅度大于25%。

土壤化学诊断与植物化学诊断比较各有优缺点。对耕作土壤进行分析的意义：①有预测意义，播种前先测定可以预估土壤中缺哪种养分，从而及早防范。②找到作物营养障碍的原因，探明是土壤养分不足，还是某种元素过多而抑制作物正常生长等。而这些都是植株分析所无法实现的，所以植株分析和土壤分析在一般诊断中都是结合进行、互为补充、相互印证，以提高诊断的准确性。

4. 施肥诊断 施肥诊断是对作物施用拟测试的某种元素，与正常情况下作对照，直接观察作物对被怀疑元素的反应，其结果较为可靠。

（1）根外施肥诊断。将拟测试元素肥料以根外施肥即叶面喷洒、涂布、叶脉浸渍注射等供给作物。此法在果树微量元素缺乏的诊断上应用较多，具易吸收、见效快、用量少、经济省事等优点。同时，供试液不与土壤接触，避免了土壤干扰，对易被土壤吸收固定的元素如铁、锰、锌等元素尤为适宜。

（2）土壤施肥诊断。将拟测试元素施于根部附近的土壤，以不施肥作对照，观察作物反应作出判断，除易被土壤固定而不易见效的元素如铁之外，大部分元素都适用。

二、植物缺素症的判别

植物缺素病症出现的部位主要取决于元素在植物体内移动性的大小。氮、磷、钾、镁等元素在体内有较大的移动性，可以从老叶向新叶中转移，因而这类营养元素的缺乏症都发生在植物下部的老熟叶片上；反之，铁、钙、硼、锌、铜等元素在植物体内不易移动，这类元素的缺乏症常首见于新生芽、叶。以下是各种营养元素缺素症状（表3-3）。

表3-3 植物缺素症状

元素	缺素症状
氮	通常从老叶开始，逐渐扩展到上部叶片。下部叶片均匀失绿，严重时呈淡黄色并提早脱落；根系比正常的色白而长，但根量少；花和果实数量少而易早衰，籽粒小而不饱满，成熟期提前，植株生长受抑制，显著影响植物的产量和品质
磷	一般从茎基部老叶开始，逐渐向上部发展。植株生长缓慢、矮小、瘦弱、直立、分枝少，延迟成熟，种子不充实或果实小；植株叶片小、色暗绿、无光泽或呈紫红色，严重缺磷时叶片枯死、脱落。一般轻度缺乏时症状不明显，只在植物产量和品质上有影响，而在中度缺乏以至严重缺乏时才有明显的症状
钾	通常是老叶和叶缘发黄，进而变褐，焦枯似灼烧状，叶片上出现褐色斑点或斑块，但叶中部和靠近叶脉处仍保持绿色，随着缺钾程度的加剧，整个叶片变为红棕色或干枯状，坏死脱落；根系短而少，易早衰，严重时腐烂，易使作物产生倒伏现象
硫	类似于缺氮的症状，失绿和黄化比较明显，但这种失绿现象出现的部位不同于缺氮，特别是双子叶植物的缺硫，植株顶部的叶片失绿和黄化较老叶明显，有时出现紫红色斑块，极度缺乏时，也出现棕色斑点。一般症状为植株矮；叶细小，叶片向上卷曲、变硬、易碎，提早脱落；茎生长受阻、僵直，开花迟，结果和结荚少

（续）

元素	缺 素 症 状
镁	首先出现在中下部叶片，然后逐渐向上发展。由于镁是叶绿素的组成成分，因此缺镁时，叶片通常失绿，开始于叶尖端和叶缘的脉间色泽褪淡，由淡绿变黄，随后便向叶基部和中央扩展，但叶脉仍保持绿色，在叶片上形成清晰的网状脉纹，严重时叶片枯萎、脱落
钙	幼叶和茎、根的生长点首先出现症状，轻则呈现凋萎，重则生长点坏死。幼叶变形，叶尖往往出现弯钩状，叶片皱缩，边缘向下或向前卷曲，新叶抽出困难，叶尖相互粘连，有时叶缘呈不规则的锯齿状，叶尖和叶缘发黄或焦枯坏死。植株矮小或簇生状，早衰、倒伏，不结实或少结实
硼	主要表现在生长点受到影响，如根尖、茎的生长点停止生长，严重时生长点萎缩而死亡，侧芽大量发生，使植株生长畸形。根尖死亡后又长侧根，侧根再次死亡，根系出现短茬根。缺硼时，繁殖器官受损最明显，开花结实不正常，果实种子不饱满，严重时见蕾不见花或见花不见果，即使有果也是阴荚秕粒多。叶片肥厚、粗糙，发皱、卷曲，呈现失水似的凋萎以及失绿的紫色斑块，叶柄和茎变粗、厚或开裂，枝扭曲畸形，茎基部膨大
铜、	植株生长瘦弱，新生叶失绿发黄，呈凋萎干枯状，叶尖发白卷曲，叶缘黄灰色，叶片上出现坏死的斑点，分蘖或侧芽多，呈丛生状，繁殖器官的发育受阻
钼	一种是脉间叶色变淡、发黄，类似于缺氮和缺硫的症状，但缺钼时叶片易出现斑点，边缘发生焦枯并向内卷曲，并由于组织失水而呈萎蔫状。一般老叶先出现症状，新叶在相当长时间内仍表现正常。定型的叶片有的尖端有灰色、褐色或坏死斑点，叶柄和叶脉干枯。另一种类型是十字花科植物常见的症状，即表现出叶片瘦长畸形、螺旋状扭曲，老叶变厚、焦枯
铁	首先表现为迅速生长的幼叶缺绿黄白化，叶面均匀失绿，而叶脉保持绿色，呈清晰的网纹状，严重时整个叶片，尤其是幼叶，呈淡黄色，甚至发白，类似于缺锰，但无坏死斑点
锌	叶小簇生，叶面两侧出现斑点，植株矮小，节间缩短，生育期推迟。如果树的小叶病，玉米的花白苗等
锰	幼叶脉间组织慢慢变黄，而叶脉保持绿色，形成黄绿相间条纹，叶片出现黄褐色斑点，且弯曲下披，缺锰植株往往有硝酸盐累积。如燕麦灰斑病，豆类褐斑病，甜菜黄斑病，棉花和菜豆的皱叶病

植物缺素症状诊断歌诀：

缺氮抑制苗生长，新叶黄绿老叶亡；根小茎细多木质，花迟果落不正常。

缺磷株小分蘖少，叶片紫红老叶苍；侧根稀少生长慢，花少果迟多秕糠。

缺钾株细易倒伏，老叶边缘枯焦卷；分蘖纤细出穗少，种果畸形不饱满。

缺钙未老根先衰，幼叶变黄卷枯蔫；根尖细胞腐烂死，茄果烂脐株萎蔫。

缺锌株叶小，新叶肉黄白；根茎不正常，病毒枯蔫黄。

缺硼尖白生长难，新叶粗红有焦斑；块根（茎）空心根尖死，花而不实最明显。

缺铁植株矮，失绿先顶端；新叶肉黄枯，果树稍焦干，免疫力下降，常把病菌染。

缺锰失绿株变形，幼叶黄白斑点生；茎弱黄衰多木质，花少果小重量轻。

缺钼株矮幼叶黄，老叶肉厚下卷缩；豆荚枝稀根瘤少，灌浆迟缓减产多。
缺硫后期受抑制，幼叶脉黄老叶白，分根稀少茎纤细，辛辣果实少风味。
缺镁后期植株黄，老叶脉间色变褐；花色苍白受抑制，根茎生长纤细弱。

三、植物缺素症的原因与预防措施

1. 植物缺素症的主要原因 植物缺素症发生的原因很多，主要有：①土壤本身贫瘠，总养分含量低。②土壤偏酸性或偏碱性，养分有效性低。③土体低温干旱导致养分难以分解利用，或是雨水过大导致养分淋失，降低养分的有效性。④大量施用某种肥料导致营养元素比例失调，发生生理障碍，诱发缺素症状。

2. 预防缺素症的主要措施

（1）有机肥料和化学肥料配合施用。增施优质有机肥料，巧用营养全面的复合肥，选用养分单一的化学肥料，减少因缺乏某种营养元素而造成的作物缺素症状。

（2）调节土壤酸碱平衡。通常在偏酸性土壤应施用石灰等，在偏碱性土壤应当施用石膏、硫酸亚铁或含腐殖酸的有机、无机复合肥料等改良土壤。

（3）改良不良质地和不良结构的土壤。实践证明，改良过沙、过黏土壤，促进土壤团粒结构的形成，有助于提高土壤的保水、保肥、保温和通气能力，从而能有效地抵抗低温、干旱、多雨等恶劣气候的影响，以提高养分有效性。

（4）测土施肥。对于土壤中某种营养元素的过量而诱发的缺素症，要针对当地作物和施肥情况进行测土配方施肥，调节土壤中养分平衡，降低因偏施肥而造成的植物养分失调症。

能力转化

简答题

1. 植物营养元素有哪些？其中哪些是大量营养元素？哪些是微量营养元素？
2. 植物营养临界期和最大效率期对施肥有何指导意义？
3. 植物营养失调症的诊断方法有哪些？
4. 植物缺氮、缺磷、缺钾的典型症状是什么？

任务二　测土施肥技术

知识准备

施肥的主要作用是调节植物营养，提高土壤肥力，促进植物高产。施肥并不是越多越好，而是要做到科学施肥。平衡施肥技术是正确的施肥时期、合理的施肥方法、适宜的施肥量及养分配合比例等综合技术的应用。

一、施肥时期

一般来说，施肥时期包括基肥、种肥和追肥 3 个环节。

1. 基肥　基肥常称为底肥，是指在播种或定植前以及多年生植物越冬前结合耕作翻入土中的肥料。基肥具有双重作用：一是培肥土壤，二是供给植物养分。基肥以肥效持久的腐熟、半腐熟有机肥料为主，并配以适量的化学肥料。

2. 种肥　种肥是指播种或定植时使用的肥料，一般多选用腐熟的有机肥料或速效性化学肥料以及细菌肥料等。凡是浓度过大、过酸或过碱、吸湿性强、溶解时产生高温及含有毒副成分的肥料均不宜作种肥施用。

3. 追肥　追肥是指在植物生长发育期间施用的肥料，一般多用肥效快的化学肥料和腐熟良好的有机肥料。对氮肥来说，应尽量将性质稳定的氮肥如尿素等作追肥。对磷肥来说，在基肥中已经施过磷肥的，可以不追施磷肥，但在田间有明显缺磷症状时，也可及时追施过磷酸钙或重过磷酸钙补救。对微肥来说，根据不同植物不同阶段来确定。

二、施 肥 量

施肥量是构成施肥技术的核心要素，其确定方法主要包括土壤与植物测试推荐施肥方法、养分平衡法、肥料效应函数法和土壤养分丰缺指标法。这里主要介绍前两种方法。

1. 土壤与植物测试推荐施肥方法　对于大田作物，在综合考虑有机肥、作物秸秆应用和管理措施的基础上，根据氮、磷、钾和中、微量元素养分特征，采取不同的养分优化调控与管理策略。

例如：北方地区日光温室秋冬蔬菜（黄瓜）的施肥建议当每 $667m^2$ 目标产量为3 000～4 000kg 时，施有机肥 4～$5m^3$，氮肥 30～40kg，磷肥 18～22kg，钾肥 30～40kg。有机肥和磷肥作基肥，氮肥 30%基施、70%追施，钾肥 50%基施、50%追施。

2. 养分平衡法

（1）植物目标产量。在实际中推广配方施肥时，目标产量是以当地前 3 年植物平均产量为基础，增加 10%～15%作为目标产量。

（2）植物目标产量需养分量。

$$每\ 667m^2\ 植物目标产量需养分量（kg）=\frac{目标产量}{100}\times 每百千克产量所需养分量（kg）$$

式中百千克产量所需养分——形成百千克植物产品时，该植物必须吸收的养分量。

不同植物所需养分可参照表 3-4。

表 3-4　不同植物形成百千克经济产量所需养分（kg）

植物名称		收获物	从土壤中吸收 N、P_2O_5、K_2O 数量		
			N	P_2O_5	K_2O
大田植物	水稻	稻谷	2.4	1.25	3.13
	冬小麦	籽粒	3.00	1.25	2.50
	春小麦	籽粒	3.00	1.00	2.50
	大麦	籽粒	2.70	0.90	2.20
	荞麦	籽粒	3.30	1.60	4.30
	玉米	籽粒	2.57	0.86	2.14
	谷子	籽粒	2.50	1.25	1.75
	高粱	籽粒	2.60	1.30	3.00
	甘薯	块根	0.35	0.18	0.55
	马铃薯	块茎	0.50	0.20	1.06
	大豆	豆粒	7.20	1.80	4.00
	豌豆	豆粒	3.09	0.86	2.86
	花生	荚果	6.80	1.30	3.80
	棉花	籽棉	5.00	1.80	4.00
	油菜	菜籽	5.80	2.50	4.30
	芝麻	籽粒	8.23	2.07	4.41
	烟草	鲜叶	4.10	0.70	1.10
	大麻	纤维	8.00	2.30	5.00
	甜菜	块根	0.40	0.15	0.60
蔬菜植物	黄瓜	果实	0.40	0.35	0.55
	茄子	果实	0.81	0.23	0.68
	架芸豆	果实	0.30	0.10	0.40
	番茄	果实	0.45	0.50	0.50
	胡萝卜	块根	0.31	0.10	0.50
	萝卜	块根	0.60	0.31	0.50
	卷心菜	叶球	0.41	0.05	0.38
	洋葱	葱头	0.27	0.12	0.23
	芹菜	全株	0.16	0.08	0.42
	菠菜	全株	0.36	0.18	0.52
	大葱	全株	0.30	0.12	0.40

（续）

植物名称		收获物	从土壤中吸收 N、P_2O_5、K_2O 数量		
			N	P_2O_5	K_2O
果树	柑橘（温州蜜柑）	果实	0.60	0.11	0.40
	梨（二十世纪）	果实	0.47	0.23	0.48
	柿（富有）	果实	0.59	0.14	0.54
	葡萄（玫瑰露）	果实	0.60	0.30	0.72
	苹果（国光）	果实	0.30	0.08	0.32
	桃（白凤）	果实	0.48	0.20	0.76

（3）土壤供肥量。土壤供肥量指一季植物在生长期中从土壤中吸收的养分。养分平衡法一般是用土壤养分测定值来计算。

土壤供肥量＝土壤养分测定值（mg/kg）×0.15×土壤养分利用系数

式中　0.15——换算系数，即将 1mg/kg 养分折算成 $667m^2$ 耕层土壤养分的实际质量。

土壤养分测定值是一个相对值，土壤养分不一定全部被植物吸收，同时缓效态养分还不断地进行转化，所以需要通过田间试验求出土壤养分测定值与产量相关的土壤养分利用系数。不同土壤，种植的植物种类不同，土壤养分利用系数也不同。求算公式如下：

$$土壤养分利用系数=\frac{\frac{空白产量}{100}\times 植物百千克产量养分吸收量}{土壤养分测定值\times 0.15}$$

（4）肥料利用率。肥料利用率是指当季植物从所施肥料中吸收的养分占施入肥料养分总量的百分数。以下是常见肥料的利用率（表 3-5）。

表 3-5　肥料当年利用率（%）

肥　料	利用率	肥　料	利用率
堆肥	25～30	尿素	60
一般圈粪	20～30	过磷酸钙	25
硫酸铵	70	钙镁磷肥	25
硝酸铵	65	硫酸钾	50
氯化铵	60	氯化钾	50
碳酸氢铵	55	草木灰	30～40

（5）施肥量的确定。得到了上述各项数据后，即可用下式计算各种肥料的施用量。

$$肥料用量=\frac{目标产量所需养分总量-土壤养分测定值\times 0.15\times 校正系数}{肥料中养分含量\times 肥料当季利用率}$$

实际应用时，可确定一种养分的用量，并根据土壤和植物吸收的氮、磷、钾比例来确定另外两种养分的含量。

例如：某玉米地每 $667m^2$ 目标产量为 800kg，一般每 100kg 玉米需吸收 N 3.0kg、P_2O_5 0.9kg、K_2O 2.1kg。其土壤养分测试值分别为土壤碱解氮 80mg/kg、有效磷 20mg/kg、速效钾 120mg/kg，三者养分利用系数分别为 0.8、0.9 和 0.7。若达到目标产量，需用多少尿素（含 N 46%，利用率 35%）、过磷酸酸钙（含 P_2O_5 18%，利用率 20%）和氯化钾（含 K_2O 60%，利用率 55%）各多少？

第一步，计算每 $667m^2$ 目标产量所需养分量：

$$目标产量所需 N 量=\frac{800}{100}\times 3.0=24\ (kg)$$

$$目标产量所需 P 量=\frac{800}{100}\times 0.9=7.2\ (kg)$$

$$目标产量所需 K 量=\frac{800}{100}\times 2.1=16.8\ (kg)$$

第二步，计算各类肥料用量：

$$尿素用量=\frac{24-80\times 0.15\times 0.8}{0.46\times 0.35}=89.4\ (kg)$$

$$过磷酸钙用量=\frac{7.2-20\times 0.15\times 0.9}{0.18\times 0.20}=125.0\ (kg)$$

$$氯化钾用量=\frac{16.8-120\times 0.15\times 0.7}{0.60\times 0.55}=12.7\ (kg)$$

因此，该玉米地要达到每 $667m^2$ 目标产量 800kg，需用尿素 89.4kg、过磷酸酸钙 125.0kg、氯化钾 12.7kg。

三、施肥方法

施肥方法分为土壤施肥和植株施肥。

1. 土壤施肥 在生产实践中，常用的土壤施肥方法主要有：

（1）撒施。撒施是施用基肥和追肥的一种方法，即把肥料均匀撒于地表，然后把肥料翻入土中。有机肥作基肥可采用此法。

（2）条施。条施也是基肥和追肥的一种方法，即开沟条施肥料后覆土。一般在肥料较少的情况下施用，小麦、玉米、棉花及垄栽甘薯多用条施。

（3）穴施。穴施是在播种前把肥料施在播种穴中，而后覆土播种。其特点是施肥集中，用肥量少，增产效果较好，果树、林木多用穴施法。

（4）分层施肥。将肥料按不同比例施入土壤的不同层次内。如高产麦田将作基肥的70%氮肥和80%的磷、钾肥撒于地表随耕地而翻入下层，然后把剩余的30%氮肥和20%磷钾肥于耙前撒入垡头，通过耙地而进入表层。

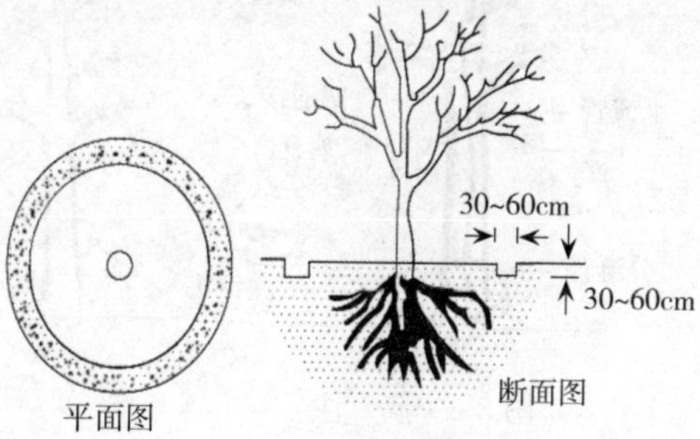

图 3-4　环状施肥

（5）环状和放射状施肥。环状施肥常用于果园施肥，是在树冠外围垂直的地面上，挖一环状沟，深、宽各 30～60cm（图 3-4），施肥后覆土踏实。来年再施肥时可在第一年施肥沟的外侧再挖沟施肥，以逐年扩大施肥范围。放射状施肥是在距树木一定距离处，以树干为中心，向树冠外围挖4～8 条放射状直沟，沟深、宽各 50cm，沟长与树冠相齐，肥料施在沟内（图 3-5），来年再交错位置挖沟施肥。

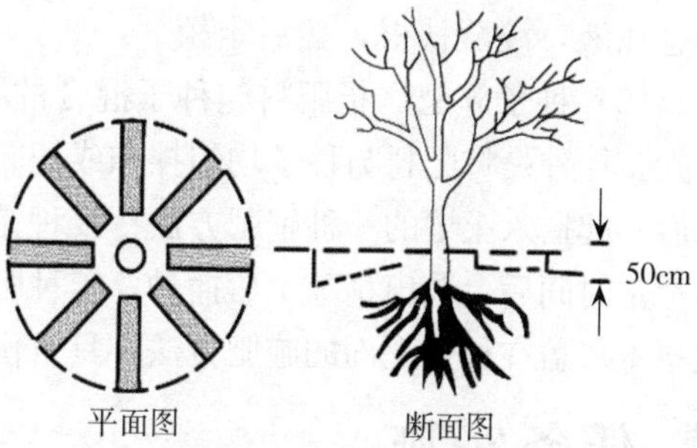

图 3-5　放射状施肥

2. 植株施肥　在生产实践中，常用的植株施肥方法主要有：

（1）根外追肥。把肥料配成一定浓度的溶液，喷洒在植物体上，以供植物吸收。此法省肥、效果好，是一种辅助性追肥措施。

（2）注射施肥。注射施肥是在树体、根、茎部打孔，在一定的压力下，将营养液通过树体的导管，输送到植株的各个部位。注射施肥又可分为滴注和强力注射。

滴注是将装有营养液的滴注袋垂直悬挂在距地面 1.5m 左右高的树杈上，排出管道中气体，将滴注针头插入预先打好的钻孔中（钻孔深度一般为主干直径的 2/3），将溶液注入树体中（图 3-6）。强力注射是利用踏板喷雾器等装置加压注射，注射结束后注孔用干树枝塞紧，与树皮剪平，并堆土保护注孔（图 3-7）。

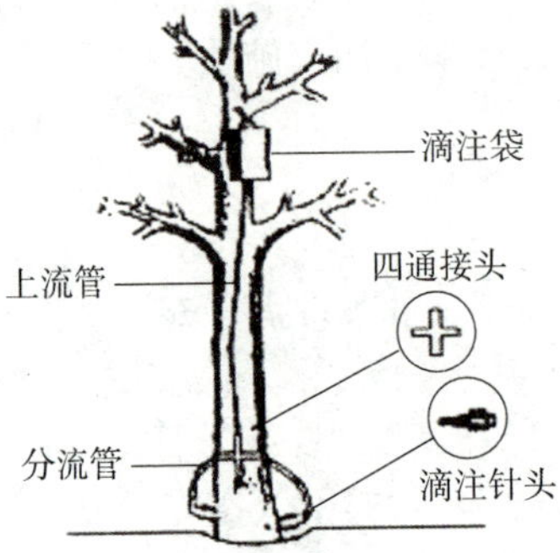

图 3-6　滴　注

图 3-7　强力注射

（3）打洞填埋法。适合于果树等木本植物施用微量元素肥料，是在果树主干上打洞，将固体肥料填埋于洞中，然后封闭洞口的一种施肥方法。

（4）蘸秧根。对移栽植物如水稻等，将磷肥或微生物菌剂配制成一定浓度的悬浊液，浸蘸秧根，然后定植。

（5）种子施肥。指肥料与种子混合的一种施肥方法，包括拌种、浸种和盖种肥。拌种是将肥料与种子均匀拌和或把肥料配成一定浓度的溶液与种子均匀拌和后一起播入土壤的一种施肥方法；浸种是用一定浓度的肥料溶液来浸泡种子，待一定时间后，取出稍晾干后播种；盖种肥是开沟播种后，用充分腐熟的有机肥或草木灰盖在种子上面的施肥方法，具有供给幼苗养分、保墒和保温作用。

任务实施

完成农户施肥现状调查与施肥指导，具体内容包括：

1. 被调查农户的选取　测土配方施肥技术规范要求每个县相对集中选 2～3 典型乡镇，每个乡镇 3～5 个村，每村 10～20 户。一般采用随机抽样法确定调查农户。

2. 基本情况调查　信息来源分两类：一是面访填写调查表格，二是连续 5 年跟踪某农户，调查施肥管理等情况（表 3-6、表 3-7）。

3. 土样化验分析　采集和制备土样，送交正规的化验室，按照国家农业行业标准《测土配方施肥技术规范》（2011 年修订版）要求，测定土壤有机质、速效氮、速效磷、速效钾、酸碱度 5 个项目。条件较好的地区，可化验微量元素含量等项目。

4. 估算施肥量　根据养分平衡法，参考土壤与植物测试推荐施肥方法，估算出施肥量，结合当地具体情况，确定施肥方案，填写测土配方施肥建议卡（表 3-8）。

表 3-6　农户施肥情况调查表

施肥相关情况	播种时间		作物名称		品种				
	种植密度		种植年限		生长状况				
	生长期内降水次数		生长期内降水总量		收获日期				
	生长期内灌水次数		生长期内灌水总量		产量水平				
推荐施肥情况	是否推荐施肥		推荐单位名称						
	目标	推荐	每 667m² 施化肥（kg）					每 667m² 施有机肥（kg）	
	每667m²产量(kg)	肥料成本(元)	大量元素			其他元素		肥料名称	实物量
			N	P_2O_5	K_2O	名称	用量		
实际施肥情况	每667m²实际产量(kg)	实际肥料成本(元)	每 667m² 施化肥（kg）					每667m²施有机肥(kg)	
			大量元素			其他元素		肥料名称	实物量
			N	P_2O_5	K_2O	名称	用量		
实际施肥次数及施肥量	施肥次序	施肥时间	项目		施肥情况				
					第一种	第二种	第三种		
	第一次		肥料名称						
			大量元素（%）	N（%）					
				P_2O_5					
				K_2O					
			其他元素含量（%）						
	第二次		肥料名称						
			大量元素（%）	N					
				P_2O_5					
				K_2O					
			其他元素含量（%）						
	第三次		肥料名称						
			大量元素（%）	N					
				P_2O_5					
				K_2O					
			其他元素含量（%）						

表 3-7　测土配方施肥采样地块基本情况调查表

统一编号：______________采样序号：______________采样日期：__________

地理位置	省市地区名称		县乡（镇）村名称			
	农户名称		采样地块位置		电话号码	
自然条件	地貌类型		地形部位			
	地下水位（m）		最高地下水位（m）		最深地下水位（m）	
	常年降水量（mm）		常年有效积温（℃）		常年无霜期（d）	
生产条件	农田基础设施		灌溉方式		排水能力	
	种植方式		播种时间		每667m²平均产量(kg)	
土壤情况	土类		成土母质		土壤质地（手测）	
	土壤结构		障碍因素		侵蚀程度	
	耕层厚度（cm）		采样深度（cm）		地块面积（667m²）	
来年种植情况	作物茬口	第一季	第二季	第三季	第四季	
	作物名称					
	品种名称					
	每 667m² 目标产量（kg）					
采样调查单位	单位名称				邮政编码	
	单位地址				采样调查人	
	联系电话				E-mail	

表 3-8　测土配方施肥建议卡

年　　月　　日

一、农户基本情况					
农户姓名		地块编号		所在乡村名称	
二、土壤化验情况					
化验项目	有机质（g/kg）	速效氮（mg/kg）	速效磷（mg/kg）	速效钾（mg/kg）	酸碱度（pH）
测试值					
结果评价					

（续）

三、主要作物施肥建议

作物名称	每 $667m^2$ 产量水平（kg）	施肥时期	每 $667m^2$ 施肥情况（肥料品种、施肥量、施用方式等，kg）

负责人：__________ 联系电话：__________ 技术指导单位（签章）：__________

能力转化

一、选择题

1. 在确定地块的施肥量时，必须知道土壤供肥量和作物需肥量，同时还必须知道（　　）。

A. 栽培耕作措施　　　　B. 灌溉条件

C. 肥料利用率　　　　D. 土壤物理性质

2.（　　）是指播种或定植时使用的肥料。

A. 基肥　　B. 种肥　　C. 追肥　　D. 根外追肥

二、计算题

某地玉米每 $667m^2$ 目标产量为 800kg，每 100kg 玉米产量需吸收 N 3.0kg，其土壤碱解氮 50mg/kg，氮校正系数分别为 0.8，若达到目标产量，需用多少千克尿素（含尿素 N 46%，利用率 35%）？

任务三　水肥一体化技术

知识准备

水肥一体化技术是将灌溉与施肥融为一体的农业新技术。它是以微灌施肥系统为载体，根据作物的需水、需肥规律和土壤水分、养分状况，将易溶性固体肥料或液体肥料配兑而成的肥液与灌溉水一起，适时、适量、准确地输送到作物根部土壤以供作物吸收。该技术具有水肥同步、集中供给、一次投资、多年受益的特点，主要适用于设施农业栽培、果园等大田经济作物。通过水肥一体化技术，并配套地膜覆盖、膜面集雨、有机培肥保墒等辅助技术，其效果主要有：

一、节　　水

水肥一体化技术可减少水分的下渗和蒸发，提高水分利用率。在露天条件下，微灌施肥与大水漫灌相比，节水率达50%左右。保护地栽培条件下，滴灌施肥与畦灌相比，每667m^2大棚一季节水80～120cm^3，节水率为30%～40%。

二、节　　肥

水肥一体化技术实现了平衡施肥和集中施肥，减少了肥料挥发和流失，以及养分过剩造成的损失，具有施肥简便、供肥及时、作物易于吸收、提高肥料利用率等优点。在作物产量相近或相同的情况下，水肥一体化与传统技术施肥相比节省化肥40%～50%，肥料利用率提高20%～35%。

三、改善微生态环境

保护地栽培采用水肥一体化技术，对改善微生态环境的作用是：①降低空气湿度。②提高棚内温度，有利于作物生长。③增强微生物活性，促进作物对养分的吸收。④有利于改善土壤性能，减少土壤板结。⑤减少土壤养分淋失，减少地下水的污染。

四、减轻病虫害发生

水肥一体化技术使空气湿度降低，抑制了作物病害的发生，减少了农药的投入和防治病害的劳力投入，微灌施肥每667m^2农药用量减少15%～30%，节省劳力15～20个。

五、增加产量，改善品质

促进植物产量提高和品质的改善，果园一般增产15%～24%，设施栽培增产17%～28%。

六、提高经济效益

采用水肥一体化，果园一般每667m^2节省投入300～400元，增产增收

300～600 元；设施栽培一般每 667m² 节省投入 400～700 元，其中，节省水电 85～130 元，节省肥料 130～250 元，节省农药 80～100 元，节省劳力 150～200 元，增产增收1 000～2 400元。

任务实施

水肥一体化技术要点为：

一、微灌施肥系统的选择

根据水源条件、地形部位、作物种类及种植面积，选择不同的微灌施肥系统。水肥一体化技术微灌施肥系统由水源、首部枢纽、输配水管道、灌水器四部分组成（图 3-8）。水源有河流、水库、机井、池塘等；首部枢纽包括电机、水泵、过滤器、施肥器、控制和量测设备、保护装置；输配水管道包括主、干、支、毛管道及管道控制阀门；灌水器包括滴头或喷头、滴灌带。

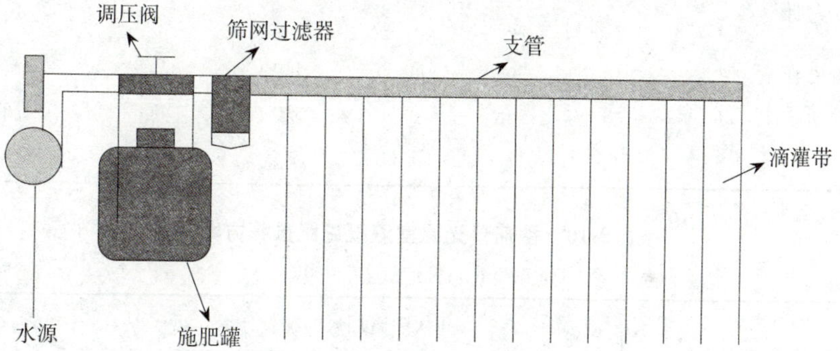

图 3-8　微灌施肥系统

保护地栽培、露地瓜菜种植、大田经济作物栽培一般选择滴灌施肥系统，施肥装置保护地一般选择文丘里施肥器、压差式施肥罐或注肥泵。果园一般选择微喷施肥系统，施肥装置一般选择注肥泵，有条件的地方可以选择自动灌溉施肥系统。

二、制订微灌施肥方案

1. 微灌制度的确定　根据种植作物的需水量和作物生育期的降水量确定灌水次数、灌水周期、每次灌水的延续时间、灌水量。露地微灌施肥的灌溉定额应比大水漫灌减少 50%，保护地滴灌施肥的灌水定额应比大棚畦灌减少 30%～40%。

2. 施肥制度的确定 合理的微灌施肥制度，首先根据种植作物的需肥规律、地块的肥力水平及目标产量确定总施肥量、氮磷钾比例及底、追肥的比例。作底肥的肥料在整地前施入，追肥则按照不同作物生长期的需肥特性，确定次数和数量。实施微灌施肥技术可使肥料利用率提高 40%～50%，故微灌施肥的用肥量为常规施肥的 50%～60%。

葡萄和番茄灌溉施肥推荐方案如表 3-9 和表 3-10。

表 3-9 葡萄灌溉施肥推荐方案

（每 667m^2 目标产量为 1 000kg）

生育时期	灌溉次数	灌水定额 (m^3/次)	每次灌溉加入的纯养分量（kg）				备注
			N	P_2O_5	K_2O	$N+P_2O_5+K_2O$	
收获后落叶前	1	50	0	10.5	0	10.5	沟灌
萌芽期	1	24	4.4	0	2.0	6.4	滴灌
开花前	2	13	2.2	0.4	2.0	4.6	滴灌
幼果膨大期	1	15	3.0	0.4	2.2	5.6	滴灌
	1	15	3.0	0.6	3.8	7.4	滴灌
浆果着色前	1	18	3.0	0.6	4.0	7.6	滴灌
成熟期	1	18	0	0.6	3.0	3.6	滴灌
合计	8	166	17.8	13.5	19.0	50.3	

表 3-10 番茄日光温室灌溉施肥推荐方案

（每 667m^2 目标产量为 1 000kg）

生育时期	灌溉次数	灌水定额 (m^3/次)	每次灌溉加入的纯养分量（kg）				备注
			N	P_2O_5	K_2O	$N+P_2O_5+K_2O$	
定植前	1	22	12.0	12.0	12.0	36.0	沟灌
苗期	1	15	4.0	2.0	2.4	8.4	滴灌
开花期	1	12	4.0	1.0	5.0	10.0	滴灌
采收期	11	16	3.0	0.5	4.0	7.5	滴灌
合计	14	225	52.3	20.5	64.4	138.9	

3. 肥料的选择 微灌施肥系统施用底肥与传统施肥相同，可包括多种有机肥和多种化肥。但微灌追肥的肥料品种必须是可溶性肥料。符合国家标准或行业标准的尿素、碳酸氢铵等肥料，纯度较高，杂质较少，溶于水后不会产生沉淀，均可用作追肥。补充磷素一般采用磷酸二氢钾等可溶性肥料作追肥。追肥补充微量元素肥料时，一般不能与磷素同时使用，以免形成不溶性磷酸盐沉淀，堵塞滴头或喷头。

三、配套技术

实施水肥一体化技术要配套应用作物良种、病虫害防治和田间管理技术，还可因作物制宜，采用地膜覆盖技术，形成膜下滴灌等形式，充分发挥节水、节肥优势，达到提高作物产量、改善作物品质、增加效益的目的。

四、操作注意事项

（1）使用前要检查滴灌系统的管路、过滤器、施肥器的连接等部件是否正常。滴灌带（管）末端堵头是否扎紧。

（2）过滤装置要定期清理，防止滴孔堵塞。

（3）系统运行正常后，先滴灌 20min，再施肥，施肥桶要经常清理。

（4）施肥后，应继续一段时间滴灌清水。

（5）作物收获后，应将整个系统妥善保管，尤其是滴灌带。

能力转化

简答题

水肥一体化技术要点是什么？

项目二　果树配方施肥

学习目标

知识目标　了解苹果、梨、葡萄、桃的需肥规律，明确苹果、梨、葡萄、桃配方施肥的推荐用量。

技能目标　能够正确确定苹果、梨、葡萄、桃施肥方案，掌握其平衡施肥的综合配套技术。

情感目标　明确节省肥料、平衡施肥的意义，提高无公害果树施肥利用率。

任务一　苹果配方施肥

知识准备

一、苹果需肥规律

一般苹果吸收养分的特点是：前期以氮为主，中后期以钾为主，对磷的吸收全年比较平稳。一般情况下，每生产100kg果实需氮（N）0.8～2.0kg、磷（P_2O_5）0.3～1.2kg、钾（K_2O）0.8～1.8kg，氮、磷、钾三者的吸收比例约为1∶0.5∶1。此外，苹果树的施肥量还与产量有密切关系，由于苹果树种植面积很广，各地的土壤、气候条件都不一样，所以各地使用的配方也应有所不同。在北方地区，一般每667m² 产5 000kg以上的果园，施用苹果专用肥中氮、磷、钾的比例为1.5∶1.0∶1.2。

根据果树所表现的特定症状，推测其可能缺乏的某种营养元素，但这种诊断方法仅在植物缺乏一种营养元素状况下有效。在缺素初期，可采用叶面施肥加以矫治（表3-11），若植株同时缺乏2种以上营养元素或出现非营养因素而引起的症状时，则易混淆造成误诊。再者当植株出现严重的缺素症状时，此时再采取补救措施为时已晚。

表3-11　苹果营养元素主要缺素症及矫治方法

营养元素	缺　素　症	叶面矫治方法
氮（N）	树叶色从基部老叶开始出现均匀失绿黄化，叶小、直立、无枯斑，新梢生长细而短，秋天落叶早，秋季叶脉稍红，树皮由淡褐色至褐红色，果实小而色	生长期喷0.3%～0.5%尿素
磷（P）	从基部老叶开始失绿，叶片狭长、圆形，嫩叶深绿色（暗绿），较老叶则带有青铜色或深红褐色，老叶脉间常有淡绿色斑点，叶柄及枝干为不正常紫色，新梢变短，果实早熟，对花芽形成不利	生长期喷0.1%～0.3%磷酸二氢钾
钾（K）	中部叶先黄化，继而老叶，最后新叶叶脉间失绿，叶尖枯焦，变枯叶子发皱并两边卷起，果实色泽、大小、品质均降低	生长期喷0.1%～0.3%磷酸二氢钾或0.5%的硫酸钾
钙（Ca）	首先出现在梢顶部，顶芽易枯死，叶中心有大片失绿、变褐和坏死的斑点，梢尖叶片卷缩向上发黄，果实易发生苦痘病、水心病等	生长期对果实喷2～3次0.3%的氯化钙
铁（Fe）	新梢顶部嫩叶淡黄色或白色，逐渐向老叶发展，严重时叶片有棕黄色枯斑，叶角焦枯，新梢先端枯死	喷0.2%～0.3%柠檬酸铁或硫酸亚铁
锌（Zn）	近新梢顶部叶片小，有不规则的小斑点，边缘呈波纹状，成束地长在一起，形成莲座状叶（小叶病），花芽减少，果实小，产量低	新梢生长期喷0.2%～0.3%硫酸锌
硼（B）	枝条上出现小的内陷坏死斑点和木栓化干斑，果实表现为缩果病	喷0.1%～0.2%硼酸或硼砂

二、苹果配方施肥推荐用量

根据山西省测土配方施肥实践经验，苹果园中推荐施肥量可参考表3-12。

表 3-12 每 $667m^2$ 苹果推荐施肥量

目标产量（kg）	有机肥（m^3）	氮（N）（kg）	磷（P_2O_5）（kg）	钾（K_2O）（kg）
4500 以上	3～5	25～40	10～15	20～30
3 500～4 500	3～5	20～30	8～12	15～25
3 500 以下	3～5	15～25	6～10	10～20
1～3 年幼树	3～5	10～20	6～8	5～10

如果每 $667m^2$ 地平均种植 30 棵，则一年中每株施肥量为有机肥 $0.13m^3$、尿素 2.0kg、过磷酸钙 2.5kg、硫酸钾 1.7kg。要根据实际情况确定施肥时间、方法、分配比例。不同地区依据土壤养分、树龄和长势情况适当调增或调减肥料施用量。

任务实施

苹果树要高产、优质，必须平衡施肥。基肥应以有机肥为主，配施磷、钾化肥，追肥以氮肥和复合肥为主，要重视果园微肥的使用。

1. 秋季基肥 秋施基肥中以有机肥为主，可适当加入少量的速效性氮、磷、钾肥。秋施基肥有以下三大好处：①有利于铲伤根系的愈合和新根发生；②有利于根系吸收养分，增强抗旱、抗寒能力；③可以提高树体内养分的积累。

基肥施肥量按有效成分计算，宜占全年总施肥量的 70%左右，其中化肥的量占全年的 2/5。对于旺树，秋季基肥中施用 50%的氮肥，其余在花芽分化期和果实膨大期施用；对于弱树，秋季基肥中施用 30%的氮肥，50%在 3 月份开花时施用，其余在 6 月中旬施用。此外，70%的磷肥秋季基施，其余磷肥可在春季和 6 月中旬施用。40%的钾肥作秋季基肥，20%在开花期，40%在果实膨大期分次施用。

每株施腐熟有机肥（斤*果斤肥）50～100kg，尿素为 0.7（弱树）～1.0（旺树）kg，过磷酸钙为 1.75kg，硫酸钾为 0.68kg。或每株施用总养分大于 40%（16-16-10）复合肥 1.0～1.5kg。对于缺锌、硼、铁的果园，每 $667m^2$ 施用硫酸锌 1.0～1.5kg、硼砂 0.5～1.0kg、硫酸亚铁 7.0～10.0kg，可与有机肥混匀后于秋季施用。缺钙果园每 $667m^2$ 施硝酸钙 20.0～30.0kg。

施用时期最好在 9 月中旬至 10 月中旬，即在秋梢停止生长后进行，晚熟品种可在采收后迅速施用。一般情况下，环状、半环状沟施适用于幼树，条

* 斤为非法定计量单位，1 斤=500g。

沟、穴施、放射沟施肥法以及全园撒施法多用于成年树。施肥深度一般为20～30cm，随树冠扩大，施肥范围和深度也要相应增加，以施在根系主要分布层为宜。

2. 根部追肥 一般结果的苹果树在每年开花前后追2～4次肥，沙质土壤宜少量多次，盛果期壮年树或长势弱的树体也要多次追肥。追肥时间宜早不宜迟。

(1) 花前追肥。此期为萌芽至开花前7～10d。如果年前秋季基肥数量不足，宜有机肥与化肥配合施用。如果基肥充足，树体长势强，可不施或推迟到花后施。对于弱树、老树和结果过多的树应重视此次追肥，以促进萌芽开花整齐，提高坐果率，即每株追施尿素0.3～0.5kg，或施总养分大于40%（18-8-14）复合肥1.0～1.5kg。

(2) 花后追肥。此期为春稍停止生长至果实膨大初期，主要是控氮、增磷钾肥。即每株可追尿素0.30kg、过磷酸钙0.35kg、硫酸钾0.68kg。或每株施总养分大于40%复合肥（16-8-16）1.0～1.5kg。此次肥与花前肥可以互补，如花前肥充足，树势强也可少施或不施。

(3) 果实膨大期和花芽分化期追肥。此期果实迅速膨大，花芽开始分化，生殖生长和营养生长矛盾突出，应及时追施高钾低磷的三元复合肥，每株可施总养分大于40%复合肥（14-6-20或16-8-16）2kg左右。

(4) 果实生长后期追肥。此期秋梢停止生长，主要作用是提高叶片的光合功能，增加树体养分的后期积累，促进花芽继续分化和充实饱满。早熟、中熟品种可在采收后进行；晚熟品种应在采收前进行；每株可施总养分大于40%复合肥（14-6-20或16-8-16）1kg左右。

3. 叶面喷肥 在北方，如果苹果树常出现因缺铁引起的叶片黄化病和缺锌引起的小叶病。可在开花前后及时喷施多元液体微肥3～4次。

叶面喷肥时应注意前期浓度小，后期浓度大（表3-13）。尿素为0.3%～0.5%，过磷酸钙为0.5%～1.0%，磷酸二氢钾为0.2%～0.5%，硫酸钾为0.5%，硼砂为0.1%～0.2%，硫酸锌为0.1%～0.2%，硫酸亚铁为0.3%～0.5%，硫酸锰为0.05%～0.10%。

表3-13 苹果叶面施肥

施肥时期	种类与浓度	作　用	备　注
萌芽前	2%～3%尿素	促进萌芽、叶片、短枝发育，提高坐果率	根据树势而定，如果长势弱可连续施2～3次
	1%～2%硫酸锌	矫正小叶病，保持树中正常含锌	主要用于易缺锌的果园

（续）

施肥时期	种类与浓度	作　用	备　注
萌芽后	0.3%尿素	促进叶片转色、短枝发育，提高坐果率	可连续 2~3 次
	0.3%~0.5%硫酸锌	矫正小叶病	出现小叶病时应用
花期至坐果初期	0.3%~0.4%硼酸	提高坐果率，防治缩果病	可连续喷 2 次
新梢旺长期	0.1%~0.2%柠檬酸铁或黄腐酸二铵铁	矫正缺铁黄叶病	可连续喷 2 次
坐果初期	0.2%~0.5%硝酸钙	防治苦痘病，改善品质	可连续喷 2~3 次
果实发育后期	0.4%~0.5%磷酸二氢钾	增加果实含糖量，促进着色	可连续喷 3~4 次

4. 注意事项

（1）旺长树追肥。追肥应避开新梢旺盛期，提倡“两停”追肥（春梢和秋梢停长期）。春梢停长期追肥（5 月下旬至 6 月上旬），时值花芽生理分化期，追肥以氮肥为主，配合磷钾，结合小水，适当干旱，提高浓度，促进花芽分化；秋梢停长期追肥（8 月下旬），时值秋梢花芽分化和芽体充实期，肥料应以磷钾为主，并适量补充氮肥。

（2）衰弱树追肥。应在生长前期追施速效肥，以利于生长发育。萌芽前追氮，配合浇水，加盖地膜。春梢旺长前追肥，配合大水。夏季借雨勤追，猛催秋梢，恢复树势。秋天带叶追肥，增加贮备，提高芽质，促进秋根。

（3）结果壮树。追肥目的是保证高产、维持树势。萌芽前追肥有利发芽抽梢、开花坐果。果实膨大时以磷、钾肥为主，配合适量氮肥，以促进增糖、增色。采后补肥浇水，协调物质转化，恢复树体，提高功能，增加贮备。

（4）大、小年树。“大年树”追肥时期宜在花芽分化前 1 个月左右，以利于促进花芽分化，增加次年产量。追氮数量宜占全年总施氮量的 1/3。“小年树”追肥宜在发芽前，或开花前及早进行，以提高坐果率，增加当年产量。追氮数量也占全年总施氮量的 1/3 左右。

（5）因土追肥。①沙质土果园。因保肥保水差，追肥少量多次，浇小水，勤施少施，多用有机态和复合肥，防止水肥严重流失。②黏质土果园。保肥、保水强，透气性差。追肥次数可适当减少，多配合有机肥或局部优化施肥，协调水气矛盾，提高肥料有效性。③盐碱地果园。因 pH 偏高，许多营养元素如磷、铁、硼易被固定，应注重多追有机速效肥，磷肥和微肥最好和有机肥混合用。

能力转化

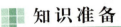

为某一农户的苹果园制订平衡施肥计划。

任务二 梨树配方施肥

知识准备

一、梨树需肥规律

不同树龄的梨树需肥规律不同。梨树幼树需要的主要养分是氮和磷，其目的是促进根系的生长发育。成年果树需要的主要养分是氮和钾，特别是由于果实的采收带走了大量的氮、钾和磷等营养元素，如不及时补充则将严重影响梨树来年的生长及产量。

一年中梨树吸收养分的特点是：萌芽至开花期，主要依靠树体上年的贮藏养分，较少利用土壤中的养分；新梢旺盛生长期，树体生长量大，是养分吸收的第一个高峰期，一般以吸收氮、钾最多，钙次之，磷相对较少，同时需要较多的硼；花芽分化和果实迅速膨大期，氮、钾吸收进入第二个高峰，而对磷的吸收在整个生育期较为平衡；而盛花后到成熟期间，钙的累计吸收最大，此期缺钙易发生生理病害；果实采收至落叶期，树体进入养分蓄积时期，其根系生长还有半个月高峰期，这正是梨树积累营养的关键时期。

据研究，每生产 100kg 梨果实，需吸收氮（N）0.2～0.5kg，磷（P_2O_5）0.2～0.3kg，钾（K_2O）0.5kg 左右，其吸收比约为 1∶0.5∶1。

二、梨树配方施肥推荐用量

梨树肥料施用量应根据土壤的肥力、树龄、品种、产量、气候因素等灵活确定。土壤肥力低、树龄高、产量高的果园，施肥量要高一些；土壤肥力较高、树龄小、产量低的果园施肥量适当降低。品种较耐肥、气候条件适宜、水分适中施肥量要高一些；反之，施肥量应适当降低。若有机肥的施用量较多，则化学肥料的施用量就应少一些。

一般情况下，根据树龄确定，不同树龄施肥量有所不同（表 3-14），如施其他肥料要进行养分量换算，在生产上提倡采用复合肥或专用肥。

表 3-14　不同树龄梨树每 $667m^2$ 推荐施肥量（kg）

树龄（年）	有机肥	尿素	过磷酸钙	硫酸钾
<5	1 000～1 500	5～10	25～30	5～10
6～10	2 000～3 000	10～15	35～50	5～15
11～15	3 000～4 000	10～30	55～75	10～20
16～20	3 000～4 000	20～40	55～100	15～40
21～30	4 000～5 000	20～40	55～75	20～40
>30	4 000～5 000	40	55～75	20～30

任务实施

我国北方地区的梨树施肥一般分基肥和追肥两种（表 3-15）。

表 3-15　不同梨树基肥和追肥时期和特点

（姜远茂等，2007）

树龄	基　肥	追　肥
1	定植肥：每 $667m^2$ 施有机肥 1 000kg，磷酸二铵 3kg	6 月中旬：每 $667m^2$ 施磷酸二铵 5kg
2～5	秋季基肥：每 $667m^2$ 施有机肥 1 500kg、复合肥（20-10-10）10～15kg；或每 $667m^2$ 施有机肥 1 500～2 000kg，尿素 5kg，过磷酸钙 10～15kg，硫酸钾 3kg	3 月中旬：每 $667m^2$ 施复合肥（20-10-10）10～15kg；或每 $667m^2$ 施尿素 5kg，过磷酸钙 10～15kg，硫酸钾 3kg 6 月中旬：每 $667m^2$ 施复合肥（10-10-20）15～20kg；或每 $667m^2$ 施过磷酸钙10～15kg，硫酸钾 3kg
6～10	秋季基肥：每 $667m^2$ 施有机肥 2 000～3 000kg，复合肥（20-10-10）10～20kg；或每 $667m^2$ 施有机肥 2 000～3 000kg，尿素 5～10kg，过磷酸钙 10～20kg，硫酸钾 3kg	3 月中旬：每 $667m^2$ 施复合肥（20-10-10）20～40kg；或每 $667m^2$ 施尿素 5～10kg，过磷酸钙 15～20kg，硫酸钾 5kg 6 月中旬：每 $667m^2$ 施复合肥（10-10-20）30～40kg；或每 $667m^2$ 施过磷酸钙10～20kg，硫酸钾 10kg
11～25	秋季基肥：每 $667m^2$ 施有机肥 3 000～4 000kg，复合肥（20-10-10）20～30kg；或每 $667m^2$ 施有机肥 3 000～4 000kg，尿素 10～20kg，过磷酸钙 20～30kg，硫酸钾 5kg	3 月中旬：每 $667m^2$ 施复合肥（20-10-10）55～70kg；或每 $667m^2$ 施尿素 10～20kg，过磷酸钙 35～40kg，硫酸钾 10kg 6 月中旬：每 $667m^2$ 施复合肥（10-10-20）30～40kg；或每 $667m^2$ 施过磷酸钙 50kg，硫酸钾 20kg 8 月上旬：每 $667m^2$ 施复合肥（10-10-20）15～30kg；或每 $667m^2$ 施硫酸钾 5～10kg
25～30	秋季基肥：每 $667m^2$ 施有机肥 3 000～4 000kg，复合肥（20-10-10）30～35kg；或每 $667m^2$ 施有机肥 3 000～4 000kg，尿素 10～20kg，过磷酸钙 20～30kg，硫酸钾 5kg	3 月中旬：每 $667m^2$ 施复合肥（20-10-10）50～80kg；或每 $667m^2$ 施尿素 20～30kg，过磷酸钙 35～40kg，硫酸钾 10kg 6 月中旬：每 $667m^2$ 施复合肥（10-10-20）40～50kg；或每 $667m^2$ 施尿素 5kg，过磷酸钙 50kg，硫酸钾 20kg

注：有机肥和磷、钾肥均应深施（土层 20～60cm）。

1. 基肥 基肥以有机肥为主，配合适量的氮、磷和钾肥，在秋季采果后至落叶前（9～10 月）结合深耕深翻施入，此期正好与秋根生长高峰的需肥规律一致，并在来年 4～5 月营养临界期得到最好的发挥。如果春施基肥，则需要经过 2～3 个月后才能见效，其结果往往造成春梢不旺、秋梢徒长，成花少而且不充实，并容易遭受冻害。

一般全年有机肥和磷肥用量一次施入。对于大年树可适量加些氮肥，以助采收后的树力恢复。一般此期用氮量占全部用氮量的 50%。

施肥方法可以和深翻改土相结合，有机肥以深施为好，深度为 50cm 左右；施肥位置要经常变换，如环状、全行长沟状、树盘内点穴状以及树下撒施后刨盘翻入等交替使用。施入后应结合灌水，否则，肥效不能正常发挥。

2. 根部追肥 根部追肥分为花前追肥、花后追肥、果实膨大期追肥和采后追肥 4 个时期，通常在各时期中选择 1～3 次进行。

萌芽前（3 月）进行第一次追肥，以氮肥为主，主要是促进根、芽、叶、花展开，提高坐果率。此期氮占全部用量的 20%，追肥的同时应配合灌水。花芽分化前（5 月下旬）为第二次追肥，以氮、磷、钾或多元素复合肥为好（幼树这两次追肥即可）。此期氮占总用量的 20%，钾占总用量的 60%。在果实膨大期 7～8 月为第三次追肥，以三要素或多元素复合肥为好。主要以钾肥为主，配以磷、氮肥，促进果实增大和提高品质。此期氮占总用量的 10%，钾占总用量的 40%。

(1) 追肥部位。要按树冠覆盖面大小来确定，不要过于集中施用，以免在干旱缺水的情况下造成肥害烧根。此外，要尽量多开沟，沟深 15cm 即可，并且施均拌匀，使肥料与更多的根群接触，便于吸收。有条件的地方随水灌施最好。

(2) 追肥方法。保肥水低的梨园，追肥必须少量多次，做到勤施少施，切忌一次多量，造成肥料浪费。对于密植园，追施肥料要增加施用量，减少单株用量，但也必须少量多次，最好的办法是行内撒施，然后翻埋。对于间作绿肥和秸秆覆盖的梨园，要适当增加氮素用量，以克服草与树争肥的矛盾和覆盖物碳氮比值问题。

3. 叶面喷肥 叶面喷肥一般在花后、花芽形成前、果实膨大期及采果后进行，但在具体应用时应根据树体的营养需求确定（表 3-16）。

另外，注意时间及部位。以天晴无风时早晚喷，以防止中午高温引起药害。为延长肥效，喷肥时可加入湿润剂；喷肥部位以叶背面为好，因此处气孔多、吸收好。

表 3-16　梨叶面喷肥的适宜浓度和时期

种　类	浓度（%）	时　期	作　用
尿素	0.3～0.5	花后，5 月上中旬喷 1 次	提高坐果率，促进生长及果实膨大
磷酸铵 磷酸二氢钾 或硫酸钾	0.5～1.0 0.3～0.5 0.3～0.5	5 月下旬至 8 月中旬喷 3～4 次	促进花芽分化和果实膨大，提高品质
硫酸锌	0.3～0.5	发芽前后	防止缺锌引起的小叶病
硼酸或硼砂	0.2～0.5	花前或花后	防止缺硼引起的果实凹凸不平、果肉变褐、木栓化黑陷病等
硫酸亚铁	0.3～0.5	发现黄叶病时	防止缺铁引起的黄叶病
过磷酸钙浸出液	1.0～3.0	缺磷时	补充磷素
草木灰浸出液	2.0～3.0	缺钾时	补充钾素

此外，在施肥时还必须做到“三看”，即看天、看地、看树相。如果地力差、有机肥少或沙性土、树势弱的梨园，追肥要少量多次。同时，对于营养生长过旺但结果少或小年树，应减少施肥量，花前少施或不施；而弱树、“大年树”则重施肥，花前早追肥。必须具体问题具体分析，做到科学合理施肥。

能力转化

为某一农户的梨园制订平衡施肥计划。

任务三　葡萄配方施肥

知识准备

一、葡萄需肥规律

葡萄是果树类需肥量较大的树种之一，葡萄生长发育需要氮、磷、钾、钙、镁、硫、铁、锌等多种营养元素，以氮、磷、钾吸收量最多，尤其是需钾量大，被称为钾质果树，此外，葡萄对钙、铁、锌、锰等元素的需求量也明显高于其他果树。葡萄吸收养分的主要特点是：从萌芽到开花前主要需要氮肥和磷肥，开花期需要硼肥和锌肥；而幼果从生长到成熟，主要需要充足的磷肥和钾肥，到果实成熟前则主要需要钙肥和钾肥。钾的吸收在整个生育期内均能进行。

综合我国各地丰产园的相应资料，一般情况下，每生产 100kg 葡萄从土壤中需吸收氮（N）为0.5～1.5kg，磷（P_2O_5）为0.4～1.5kg，钾（K_2O）为0.75～2.25kg。而这些元素在植株体内的分布是不同的，氮主要在叶片中，磷主要在果实中，钾70%在果实中。氮、磷、钾比例大致为1.0∶0.9∶1.2。

二、葡萄配方施肥推荐用量

根据土壤肥力按单位面积计算施肥量（表3-17）。

表3-17 每667m² 葡萄推荐施肥表（kg）

肥料成分	高肥力果园	中等肥力果园	瘠薄果园
N	5.3～6.7	7.3～9.3	10.0～13.3
P_2O_5	5.3～6.7	5.3～6.7	7.3～9.7
K_2O	5.3～6.7	6.7～7.3	7.3～10.0
CaO	23.3～36.7	23.3～36.7	23.3～36.7
Mg	10.0～20.0	10.0～20.0	10.0～20.0

肥料施用时，根据肥料中所含养分含量进行换算。不同地区依据土壤养分及树龄和长势情况适当增加或减少肥料施用量。

任务实施

一般葡萄全生育期施用肥料可分6次，即基肥、催芽肥、壮蔓肥、膨果肥、着色肥、采果肥（包括补追秋肥）；各次施肥量的确定，还必须依据具体树势情况灵活运用。

1. 基肥 基肥以有机肥料为主，应占全年施肥量的60%以上。一般在秋季或早春施用。农家肥的施用量需要根据土壤、品种、树龄、树势强弱以及肥料质量来确定。一般在定植前结合开挖定植沟或栽植穴即施用农家肥，每667m² 施2 000～3 000kg，定植后，仍需每年基施农家肥。施肥时期一般在秋季或早春，但以秋施基肥为好。定植后的幼龄树每株施农家肥30～50kg，初结果施50～100kg，成龄果树施100～130kg。磷肥和钾肥是提高葡萄果实品质和增强树势的必要保证，磷、钾肥一般是在定植时，与农家肥一起深施到根群的密集处。在土壤质地不同的情况下，黏重土壤上的钾肥可于秋季施用，应少施；土壤质地较轻或沙粒较多，则应在早春施用，可适当多施。

一般采用树盘撒施和沟施。树盘撒施应先将树盘内的表土取出15～30cm厚，靠近植株处稍浅，向外逐渐加深。沟施时在葡萄行间的一侧挖深40～60cm的施肥沟，施肥沟远近以沟内少量见根为原则。施入肥料，将土壤回填入沟中，然后踩实灌水。下一年在行间的另一侧开沟，进行倒换施肥。

2. 催芽肥 萌芽前10～15d施用的肥称催芽肥。施肥量根据品种耐肥特性掌握。需肥量较多的品种，每667m^2施氮、磷、钾复合肥20～25kg，或尿素7.5～10.0kg；需肥量中等的品种，每667m^2施氮、磷、钾复合肥15～20kg，或尿素5.0～7.5kg；需肥量较少的品种原则上不施催芽肥。施肥方法提倡植株两边开沟条施覆土。

3. 壮蔓肥 枝蔓生长期（萌芽后20d左右至开花前20d）施用的追肥称壮蔓肥，又称催条肥、壮梢肥。施肥过晚不利于坐果，还会诱发灰霉病。施壮蔓肥和施肥量的多少应根据树势情况而定。对于树势生长正常的葡萄园，则不宜施壮蔓肥；对于需肥量中等和需肥量较少的品种，则不必施壮蔓肥；对于需肥量较多的品种，如前期长势偏弱，可酌情施壮蔓肥，每667m^2可施尿素5～10kg。施肥方法提倡植株两边开沟条施覆土。

4. 膨果肥 谢花后至坐果期施用的肥称膨果肥。膨果肥一般园均应重施，为避免一次用肥过多导致肥害，应分2次施用。一般第一次施肥期，对于坐果性好的品种，且长势正常、不表现出徒长的葡萄园，可在生理落果前施用（注意不宜过早），生理落果后进入果粒膨大期可吸收到肥料，有利于果粒前期膨大；对于坐果性不好的品种或坐果性虽好但长势过旺的葡萄园，可在生理落果即将结束时施用，这类葡萄园如施肥期过早，会加重生理落果。第二次施肥期在第一次施肥后10～15d施用。

施肥量应按照计划定穗量（穗数达不到计划定穗量的按实际穗数）和树势，并参照品种耐肥特性确定施肥量。施肥方法可两边开沟条施覆土，一次施一边，另一次施另一边。

5. 着色肥 有籽葡萄浆果硬核期、无籽葡萄浆果缓慢膨大期施用的肥称着色肥。施肥期在浆果进入硬核期（无籽葡萄浆果缓慢膨大期）的后期施用。

葡萄进入硬核期后，果肉细胞不再分裂，以果肉细胞增大和内容物增多为主，果实进入第二膨大期需要较多的磷、钾元素，因此，以施磷、钾肥为主。施肥量一般每667m^2可施磷肥15～20kg，钾肥15～20kg；挂果量较多、树势较弱的园可配施氮、磷、钾复合肥，但生长正常树应控制氮肥施用。施肥方法可两边开沟条施覆土。

6. 采果肥和补施秋肥 采果后施用的肥称采果肥，又称复壮肥。施肥期因品种不同而异。早中熟品种和晚熟偏早品种采果后均应施用；极晚熟品种可不施用，因采果期晚，采果后即可施基肥，采果肥可与基肥结合。部分早中熟品种在施采果肥后视树势应补施秋肥。

施肥量，一般早中熟品种和晚熟偏早品种每667m^2施氮、磷、钾复合肥15～20kg或尿素10kg左右；需要补施秋肥的品种，看当年挂果量和树势可施尿素7～10kg，避免叶片过早老化。施肥方法：提倡全园撒施，浅耕入土。因葡萄园管理操作频繁，土壤已踏实，浅耕有利于根系生长和减少秋草。

7. 叶面喷肥 叶面喷肥是对葡萄进行追肥的另一重要手段，喷施微量元素肥料效果尤其明显（表3-18）。

表3-18 葡萄叶面喷肥的适宜浓度和时期

肥料种类	浓度	时期	作用
尿素	0.3%	开花前7～10d、谢花后、果实膨大期、着色期使用2～4次	促进枝叶生长，提高坐果率
硼砂	0.2%～0.5%	开花前7d、谢花后各喷施一次	提高坐果率
硫酸锌	10%	冬剪后立即涂抹剪口	促进伤口愈合，防止小叶病
	0.2%～0.3%	开花前2～3周和开花后的3～5周各喷施一次；对已出现缺锌症状的葡萄，应立即喷施2～3次，每隔7～10d喷施一次	
磷酸二氢钾	0.2%～0.4%	坐果后到成熟前喷3～4次	提高产量，增进果实品质
硫酸镁	0.05%～0.10%	坐果期与果实生长期喷施	增加浆果产量和含糖量
硫酸亚铁	0.3%～0.5%	缺铁失绿葡萄	防止缺铁病

能力转化

为某一农户的葡萄园制订平衡施肥计划。

任务四 桃树配方施肥

知识准备

一、桃树需肥规律

桃树分布范围广，早、中、晚熟品种需肥量有一定差异，早熟种需肥量较小，晚熟种需肥量较大。桃的新梢生长与果实发育都在同一时期，因此梢果争夺养分的抵触特别突出，因此在给桃树施肥时应注意平衡施肥和测土配方施肥。桃树的总需肥量高，据测定，一般每生产100kg果实需要氮（N）0.5kg、磷（P_2O_5）0.2kg、钾（K_2O）0.75kg，氮、磷、钾的比例大体为1∶0.4∶1.6。桃树对钾的需要量大，特别是果实发育期钾的需要量为氮的3.2倍，对增大果实和提高品格有显然作用，同时桃树对钙、镁、铁、硼、锌、锰等都比较敏感。

据国外实验和生产实践证实，每 667m² 产果1 800～2 200kg 的桃园，果实需要的纯氮为 11.3～11.6kg，纯磷为 3.6～4.5kg，纯钾为 13.1～15.0kg。桃树施肥除应掌握果树一般施肥原则外，由于桃树根系浅，要求土壤有较好的通气性，所以桃树施肥更应注意与改土相结合。

二、桃树配方施肥推荐用量

桃园有机肥施用应考虑品种、土壤肥力、树龄、树势等因素。早熟品种、土壤肥沃的果园，树龄小或树势强的桃树，全年平均每 667m² 施有机肥1 500～2 500kg；晚熟品种、土壤瘠薄的果园，树龄大或树势弱的桃树施有机肥2 000～3 000kg。化肥施用时，应根据肥料中所含养分含量进行换算。不同地区依据土壤养分、树龄和长势情况适当调增或调减肥料施用量（表 3-19）。

表 3-19 每 667m² 桃树推荐施肥量

目标产量（kg）	有机肥（m^3）	氮（N）（kg）	磷（P_2O_5）（kg）	钾（K_2O）（kg）
3 000	12～18	10～12	20～26	3 000
2 000	10～15	7～10	17～20	2 000
1 500	9～12	5～8	12～15	1 500

任务实施

桃树施肥一般分基肥和追肥（分为根部追肥和根外追肥）两种（表 3-20）。

表 3-20 桃树基肥和追肥时期和特点

树龄	基 肥	追 肥
1年	定植肥：每 667m² 施有机肥 1 000kg，磷酸二铵 5kg	5月中旬：每 667m² 施磷酸二铵 15kg
2～5年	秋季基肥：每 667m² 施有机肥 2 500kg 左右，复合肥（12-12-6）20kg；或每 667m² 施有机肥 2 500kg，尿素 5kg，过磷酸钙 20kg，硫酸钾 5kg	月初追肥：每 667m² 施复合肥（16-8-16）25kg；或每 667m² 施尿素 5～8kg，过磷酸钙 30kg，硫酸钾 5～8kg 硬核期（5月中旬）追肥：每 667m² 施复合肥（16-8-16）20～40kg；或每 667m² 施尿素 7～15kg，过磷酸钙 20kg，硫酸钾 7～15kg

（续）

树龄	基　肥	追　肥
6～15年	秋季基肥：每667m² 施有机肥3 000kg左右，复合肥（12-12-6）30kg；或每667m² 施有机肥3 000kg，尿素5kg，过磷酸钙25kg，硫酸钾5kg	3月初追肥：每667m² 施复合肥（16-8-21）35kg；或每667m² 施尿素12kg，过磷酸钙35kg，硫酸钾10kg 硬核期（5月中旬）追肥：每667m² 施复合肥（16-8-21）30～50kg；或每667m² 施尿素10～18kg，过磷酸钙20kg，硫酸钾20～30kg
16～30年	秋季基肥：每667m² 施有机肥4 000kg左右，复合肥（12-12-6）30kg；或每667m² 施有机肥4 000kg，尿素7kg，过磷酸钙30kg，硫酸钾5kg	3月初追肥：每667m²施复合肥(16-8-21)30～40kg;或每667m²施尿素10～14kg,过磷酸钙40kg,硫酸钾10kg 硬核期（5月中旬）追肥：每667m² 施复合肥（16-8-21）30～60kg；或每667m² 施尿素10～20kg，过磷酸钙30kg，硫酸钾20～30kg

1. 基肥　基肥的组成以有机肥料为主，再配合氮、磷、钾和微量元素肥料。根据树体当年产量和树势强弱不同，确定当年施肥量，至少要达到斤果斤肥，最好做到一斤果二斤肥或更多。基肥施用量应占当年施肥总量的70%以上，即有机肥的全部和速效肥料的50%～70%。若使用缓释肥料，可将全年肥料做基肥一次性施入。通常株产80～100kg的大树，应施厩肥100～120kg，钙镁磷（或过磷酸钙）2～3kg，硫酸钾1kg，硼砂100g。

基肥施用时期以早秋为好，应在温度尚高的9～11月施用。施用方法：幼树用全环沟，成年树用半环沟、辐射沟、扇形坑等均可。

2. 追肥　追肥又称补肥，是果树急需营养的补充肥料，对新梢生长、果实膨大、花芽分化及提高产量和增进品质都有很好的作用。追肥一般使用速效性化肥。追肥时期、种类和数量如果掌握不好，会给当年桃树的生长、产量及果实品质带来严重不良影响。一般幼树全年追肥2～3次，成年树追肥3～4次。

（1）催芽肥。催芽肥又称花前肥。桃树早春萌芽、开花、抽枝展叶都需要消耗大量的营养，树体主要消耗上一年的贮藏营养，若营养不足，需追肥，以提高坐果率、促进新梢生长和幼果发育。

施肥时应施入速效性氮肥或随同浇水灌腐熟人粪尿。氮肥施用量应占全年的1/3。盛果期树每667m² 可追施硫酸铵30kg，幼树每667m² 可追施磷酸二铵10～15kg。

（2）花后肥。落花后进入幼果生长和新梢生长期，需肥多，谢花后1～2周施入。追肥以速效氮肥为主，配合补充速效磷、钾肥，以提高坐果率，促进幼果生长和新梢生长，减少落果，有利于早熟品种的果实膨大。

施肥正值根系生长的高峰期，是结果树重要的追肥期，每 667m² 可施用尿素 15kg，硫酸钾 20kg；未结果树可不施，初结果树少施。

（3）壮果肥。果实硬核期后迅速膨大期施用，可促进果实膨大，提高果实品质，充实新梢，促进花芽分化。

肥料种类以钾肥为主，配合氮、磷肥。钾的用量应占全年总量的 30%。一般在 6 月上中旬施入，每 667m² 施硫酸钾 20kg、尿素 10kg。

（4）采后肥。采后肥通常称为还阳肥，肥料种类以氮肥为主，并配以磷、钾肥。果树在生长期消耗大量营养以满足新的枝叶、根系、果实等的生长需要，故采收后应及早弥补其营养亏缺，以恢复树势。但对果实在秋季成熟的晚熟品种，采后肥一般可结合基肥共同施用。施肥方法主要有环状沟、放射状沟、多点穴施和灌溉施肥等几种方法。

3. 叶面喷肥　叶面喷肥是对桃树进行追肥的另一重要手段，喷施微量元素肥料效果尤其明显（表 3-21）。

表 3-21　桃树叶面喷肥常用肥料和浓度

（周是龙）

肥料种类	浓　度	时　期	作　用
尿素	0.3%～0.5%	整个生长期	促进植株生长和果实发育，提高树体营养水平
硼砂	1.0%	发芽前	提高坐果率，防止缺硼症
	0.1%～0.3%	花期	
硫酸锌	3.0%	萌芽前 3～4 周	防止缺锌引起的小叶病
	0.3%～0.4%	整个生长期	
磷酸二氢钾	0.2%～0.3%	果实膨大期至成熟期	促进花芽分化，提高果实品质
氯化钾	0.3%～0.5%	落果后至成熟期	
硫酸钾	0.2%～0.5%	落果后至成熟期	
硝酸钙或氯化钙	0.3%～0.5%	盛花后 3～5 周，果实采收前 3～5 周	防治果实缺钙症
硫酸亚铁	0.2%～0.5%	生长期	防止缺铁病
柠檬酸铁	0.05%～0.10%	生长期	

能力转化

为某一农户的桃园制订平衡施肥计划。

项目三 蔬菜配方施肥

学习目标

知识目标 了解番茄、黄瓜、茄子、辣椒、芹菜、生菜、萝卜需肥规律，明确这7种蔬菜配方施肥推荐用量。

技能目标 能够正确确定番茄、黄瓜、茄子、辣椒、芹菜、生菜、萝卜施肥方案，掌握其平衡施肥的综合配套技术。

情感目标 明确节省肥料、平衡施肥的意义，提高无公害蔬菜施肥利用率。

任务一 黄瓜配方施肥

知识准备

一、黄瓜需肥规律

黄瓜是我国主要的瓜类蔬菜，其生长快、结果多、产量高，但根系浅、吸收能力比较弱，加之栽培密度大，故必须大量供应水肥，使之充分吸收。黄瓜各生育期对氮、磷、钾的吸收比例为苗期4.5∶1.0∶5.5，盛瓜初期2.5∶1.0∶3.7，盛瓜后期2.5∶1.0∶2.5。每生产1 000kg黄瓜，需从土壤中吸取氮（N）2.6kg，磷（P_2O_5）1.5kg，钾（K_2O）3.5kg，三者比例约为1.0∶0.6∶1.4。

黄瓜定植后30d内吸氮量呈直线上升，到生长中期吸氮量最多；进入生殖生长期，对磷的需要剧增，而对氮的需要略减；黄瓜全生育期都吸收钾元素。黄瓜果实靠近果梗，果肩部分易出现苦味，产生原因极复杂，从培育角度看，氮素过多、低温、光照和水分不足以及植株生长衰弱等都容易产生苦味，因此黄瓜坐果期既要满足供给氮素营养，又要注意控制土壤溶液氮素营养浓度。不同栽培方式，黄瓜对养分的利用状况不一样。

二、黄瓜配方施肥推荐用量

高肥力菜田每667m^2产量为10 000～15 000kg，总追肥量为尿素100～120kg；中肥力菜田每667m^2产量5 000～8 000kg，总追肥量为尿素70～90kg；低肥力菜田每667m^2产量4 000～5 000kg，总追肥量为尿素50～70kg（如果用过磷酸钙肥料代替磷酸二铵，则可用过磷酸钙肥料25～30kg做基肥，以后每次追肥时除氮、钾肥外，还应增加磷肥 15～20kg）。

任务实施

1. 基肥 栽培黄瓜的基肥施用量，要根据菜田土壤肥力而定，一般每 667m^2 撒施腐熟有机肥4 000～5 000kg、过磷酸钙 20～30kg。将基肥耕耙均匀后，按行距开沟，每 667m^2 沟施腐熟优质混合肥1 000～1 500kg，在沟底与土壤混合均匀并整平，然后浇水，以备黄瓜定植。

温室、大棚栽培黄瓜，施肥量要比露地种植高：每 667m^2 施用腐熟有机肥8 000～10 000kg，并加入少量化学氮肥和磷肥。施肥量的多少，也要根据种植季节而定：冬季土壤温度低，光照弱，肥料分解慢，施肥量要适当大一些；春季的施肥量可以适当减少 10%～20%。

2. 追肥 黄瓜定植后，生长加快，而且植株营养体的生长、果实发育及收获同时进行，需肥量大，加之黄瓜根系浅，吸肥力弱，注意采用少量多次的追肥原则，以满足果实的正常发育和营养体的健壮生长。每 667m^2 产黄瓜 5 000kg 以上，从定植到采收结束，共需追肥 8～10 次，一般每隔 7～10d 结合浇水追一次肥。

（1）催苗肥。定植缓苗后以促根控秧为主，施肥量不能太大，根据长势追 1 次肥，一般每 667m^2 施尿素 5kg。催苗肥施后，生长逐渐加快，进入黄瓜的蹲苗期，不可追肥浇水，以免植株徒长而抑制坐瓜，而应以中耕为主，使土壤疏松透气，促进根系发育，对防止后期早衰、植株死亡有明显的作用。

（2）结瓜肥。黄瓜结瓜肥追施量根据菜田土壤肥力和产量来确定。一般采用随水追肥，原则上每隔 1 次浇水，随水追肥 1 次，每次浇水不宜过大，追肥时最好是化肥与人粪尿相间施用，并增加钾肥用量。每 667m^2 化肥施用量为尿素每次 10～13kg，人粪尿每次 800～1 000kg，硫酸钾每次 5～10kg。伴随结瓜期的旺盛生育，逐渐增加浇水和追肥次数。采取这种少量多次的追肥方法，能满足黄瓜营养生长和生殖生长对养分的需要，使之生长协调，获得较高的产量。

（3）叶面追肥。结瓜盛期以后，在适量追肥的同时，也可用 1%的尿素加 0.3%～0.5%的磷酸二氢钾，进行叶面追肥 2～3 次，促瓜促秧，延长采收期。在温室、大棚内增施二氧化碳，对黄瓜有明显的增产效果。二氧化碳浓度以 1 000～1 500mg/kg 较好。晴天每天清晨日出后半小时开始施用，直到需要通风时停止，停施后半小时开始通风。

此外，由于大棚黄瓜施肥量大，连续种植几年后，土壤中的养分有较多的积累，因此，新棚和老棚施肥有所不同。

新建的大棚，黄瓜施肥要点是：首先在黄瓜定植前每667m^2撒施腐熟的有机肥（腐熟的鸡粪或优质圈肥）8～10m^3、尿素5～10kg、硼砂0.5kg，或者可在施用有机肥的基础上施用三元素复合肥，每667m^2用量80～100kg；开花结果期开始结合浇水进行追肥，一般冬季每3～4周追肥一次，春季1～2周追肥一次，每次施肥数量为每667m^2施尿素3～5kg，或者可追施三元素复合肥，每次每667m^2施用10～15kg，并配合施用尿素2～3kg。

3年以上大棚，黄瓜施肥要点是：定植前每667m^2施用腐熟的有机肥5～7m^3、氯化钾10～20kg；开花结果期开始结合浇水进行追肥，一般冬季每4～5周追肥一次，春季2～3周追肥一次，每次施肥数量为每667m^2施尿素5～10kg、氯化钾1～2kg，或者可直接追施三元素复合肥，每次每667m^2施用15～20kg，并配合施用尿素3～5kg。

能力转化

为某一农户的黄瓜地块制订平衡施肥计划。

任务二　番茄配方施肥

知识准备

一、番茄需肥规律

一般每生产1 000kg番茄，需吸收氮（N）3.86kg、磷（P_2O_5）1.15kg、钾（K_2O）4.44kg、钙（Ca）1.6～2.1kg、镁（Mg）0.3～0.6kg，吸收比例为1.00∶0.30∶1.15∶0.49∶0.12。番茄植株体内的养分含量，以钾最高，氮次之，磷最低。而且，不同的营养元素在番茄的叶茎、果实中含量不同，氮在叶片中含量高，其次是果实、茎；磷的含量在三者中相近；钾在果实、叶中偏高，茎中偏少。

番茄对养分的吸收随生育期的推进而增加的，第一花序开始结实，膨大后，养分吸收迅速增加，氮、磷、钾的吸收量占总吸收量的70%～90%。氮从定植至采收末期，大体上成直线吸收，但吸收量最快的是在第一果实膨大期开始，吸氮量急剧升高，常容易造成暂时缺氮影响果实膨大，但若供氮过多，往往容易造成坐果困难。磷的总吸收量比较低，随着生育期推进，吸收量逐渐增多，苗期对磷的吸收量虽小，但影响较大，供磷不足不利于花芽分化和植株发育。钾从第一果实膨大期以后吸收迅速增加，吸收速率大于氮素，吸收量接近氮的1倍。

二、番茄配方施肥推荐用量

土壤肥力和目标产量不同，温室大棚番茄对各种养分需求不同（表 3-22）。

表 3-22　温室大棚每 667m² 番茄推荐施肥量

目标产量（kg）	有机肥（m³）	氮（N）（kg）	磷（P_2O_5）（kg）	钾（K_2O）（kg）
7 000～8 000	7～8	30～40	14～20	36～48
4 000～7 000	4～7	20～30	10～14	24～36
3 500～4 000	3～5	15～20	7～10	18～24

注：1. 每 667m² 番茄目标产量为4 000～8 000kg，则有机肥做基肥，氮肥 20%基施、80%追施，磷肥 70%基施、30%追施，钾肥 30%基施、70%追施。

2. 每 667m² 番茄目标产量为3 500～4 000kg，则有机肥和磷肥做基肥，氮肥 30%基施、70%追施，钾肥 50%基施、50%追施。

任务实施

1. 定植前重施基肥　番茄要获得每 667m² 4 000～8 000kg 产量，应施腐熟的有机肥4 000～8 000kg，过磷酸钙 30～50kg。全部有机肥和 70%的过磷酸钙做基肥撒施后深翻，使土肥混匀，耙细整平。

如果有机肥用量不足，可用磷酸二铵或其他复合肥料代替过磷酸钙，此时磷酸二铵可进行沟施，开沟深 10～20cm，施肥后覆土混匀，浇足底水准备定植。

2. 定植后合理追肥　番茄前期追肥不宜过多，结果以后要重施肥。追肥的原则是，由少到多，前期以氮为主，后期以氮、磷、钾为主。一般是每采收一次果，追一次肥，共追肥 3～5 次。

（1）轻施催苗肥。结束蹲苗后开始浇水，并进行第一次追肥。这个时期幼苗刚缓苗急需氮素营养，供根、茎、叶生长。此时期养分缺乏，会影响番茄营养生长与花芽分化，导致减产。一般是在定植后 10～15d，结合浇水每 667m² 追施尿素 10kg。表层土见干时，松土培垄，适当蹲苗，促进根系生长和叶面积扩大，严防幼苗徒长。

（2）重施催果肥。在第一穗果开始膨大时，结合浇水追施催果肥。一般每 667m² 追施尿素 10～15kg、过磷酸钙 10～15kg、硫酸钾 10kg，结合浇水、追肥。

（3）盛果肥。番茄进入盛果期，第一穗果即将采收，第二、三穗果迅速膨大，植株的需肥量迅速增加，应进行追肥。一般每 667m² 追施尿素 10～12kg、过磷酸钙 10～15kg、硫酸钾 10kg。

（4）盛果中后期肥。对于晚熟品种番茄，结果期长、产量高、需肥量大。

因此，适时适量进行2～3次追肥，可防止植株早衰，延长结果期。一般每667m^2每次追施尿素10～12kg、过磷酸钙10～15kg、硫酸钾10kg。

（5）叶面追肥。在番茄盛果后期，可结合打药，于晴天下午进行叶面施肥。用0.3%～0.5%的尿素、0.5%～1.0%的磷酸二氢钾以及0.3%～1.0%的硫酸钾混合喷施2～3次。此法省工，见效快，主要作用是促进植株健壮，延缓早衰，提高果实品质和产量。叶面喷施10mg/kg钼、硼等微量元素，可以增加番茄中维生素C及可溶性固形物的含量。

能力转化

为某一农户的番茄地块制订平衡施肥计划。

任务三　茄子配方施肥

知识准备

一、茄子需肥规律

茄子是喜肥作物，每生产1 000kg茄子，需吸收氮（N）2.62～3.25kg、磷（P_2O_5）0.63～1kg、钾（K_2O）3.10～5.60kg，其吸收比例为1.00：0.27：1.42。茄子在幼苗期对各种养分的吸收量不大，但对养分的丰缺非常敏感，随着生育期的延长，对养分的吸收量逐渐增加；从花芽分化开始到采收果实后茄子进入需要养分量最大的时期，此时对氮、钾的吸收量急剧增加，对磷、钙、镁的吸收量也有所增加。

茄子对各种养分的吸收特性也不同。氮素对茄子各生育期都是重要的，从定植到采收结束，茄子对氮的吸收量呈直线增加趋势，在生育盛期氮的吸收量最高，充足的氮素供应既能保证营养生长，又能促进果实的发育。茄子对磷的吸收量较少，但对花芽分化影响较大，所以前期要注意满足磷的供应，到果实膨大和生长盛期，对磷素的吸收量增加。茄子对钾的吸收量到生育中期都与氮相当，以后显著增高。要注意盛果期对氮和钾的补充，如果此时肥料不足，植株生长不良。

二、茄子配方施肥推荐用量

茄子生育期长，是需肥多而又耐肥的蔬菜作物，所以，土壤肥力状况和施肥水平对茄子产量影响较大。对于中等肥力地块，每667m^2产茄子4 000～5 000kg，需要农家肥3 000～3 500kg（或商品有机肥400～450kg）、氮（N）

14～17kg、磷（P_2O_5）4～6kg、钾（K_2O）10～13kg，有机肥做基肥，氮、钾肥分为基肥和追肥，磷肥全部做基肥，化肥和农家肥（或商品有机肥）混合施用。

任务实施

1. 基肥　每 667m^2 施腐熟有机肥5 000～7 500kg，过磷酸钙 30～50kg 或三元复合肥 35～50kg，一般是在整地前撒施，深翻使土肥混匀。肥料较少时，也可在耕地后穴施或条施。

2. 追肥

（1）催果肥。定植缓苗后，茎叶生长旺盛，花逐渐开放，当“门茄”达到“瞪眼期”（花受精后子房膨大露出花萼时，称为瞪眼期），果实迅速生长。此时第一次追肥，称为催果肥。每 667m^2 施用尿素 10～15kg、硫酸钾 8～10kg，穴施或沟施，施后盖土、浇水。

（2）盛果肥。当茄果实膨大，“四母斗”开始发育时，是茄子需肥的高峰期，应重施第二次追肥。此期是丰产的关键，既要防止茎叶徒长，又要避免果实发育而抑制营养生长。施肥以速效氮、钾肥为主，并注意叶面追施钙、硼、锌等中量及微量元素肥料。结合浇水，每 667m^2 施尿素 13～17kg、硫酸钾 10～12kg。

（3）盛果中后期肥。第二次追肥后到最后一次采收前 15～20d，每一层果实开始膨大时，每隔 15d 左右追一次肥，共追 3～4 次肥。每次每 667m^2 施尿素 9～11kg、硫酸钾 5～7kg。

（4）追施叶面肥。从盛果期开始，可根据长势喷施 0.2%～0.3%的尿素、0.2%～0.3%的磷酸二氢钾等肥料，一般 7～10d 喷一次，连续喷施 2～3 次。

追肥也可用氮、磷、钾三元复合肥（1∶1∶1），露天茄子第一次追肥为“门茄”到“瞪眼期”（花受精后子房膨大露出花），每 667m^2 施三元复合肥 20～40kg。第二次追肥为“对茄”果实膨大时。第三次追肥为“四面斗”开始发育时（茄子需肥高峰）。前 3 次的追肥量相同，以后的追肥量可减半；保护地大棚茄子在结果期每隔 7～15d 使用三元复合肥 20～30kg，同时叶面补微量元素肥料。

能力转化

为某一农户的茄子田制订平衡施肥计划。

任务四　辣椒配方施肥

知识准备

一、辣椒需肥规律

辣椒除了具有蔬菜类生长发育快、单位面积产量高等特点外，还具有生长周期长、果实连续采收、养分含量高等特征，辣椒的需肥量较粮、棉等一般大田作物和大多数蔬菜多。研究证明，在辣椒、番茄、茄子、黄瓜、大白菜5种常见蔬菜中，辣椒养分吸收量最大。每生产1 000kg辣椒需吸收氮（N）3.5～5.5kg、磷（P_2O_5）0.7～1.4kg、钾（K_2O）5.5～7.2kg，其吸收比例为1.0∶0.2∶1.4。

辣椒在不同的生育期对养分的需求量有所不同，其养分吸收规律与茄子相似。从出苗到现蕾，由于植株较小，根少、叶小，干物质积累较慢，因而需要的养分也少，对氮、磷、钾的吸收量占总量的16%；从现蕾到初花期植株生长加快，干物质积累量增加，对养分的吸收量增多；初花到盛花期是营养生长和生殖生长旺盛时期，也是吸收氮素养分最多的时期，约吸收34%；盛花至成熟期，植株的营养生长较弱，此阶段对磷、钾的需求量大约为吸收总量的50%。

二、辣椒配方施肥推荐用量

土壤肥力和目标产量不同，辣椒对各种养分需求不同（表3-23）。

表3-23　每667m² 辣椒推荐施肥量

目标产量（kg）	有机肥（m³）	氮（N）（kg）	磷（P_2O_5）（kg）	钾（K_2O）（kg）
>4 000	2～4	18～22	5～6	13～15
2 000～4 000	2～4	15～18	4～5	10～12
<2 000	2～4	10～12	3～4	8～10

注：氮肥总量的20%～30%做基肥，70%～80%做追肥；磷肥全部做基肥；钾肥总量的50%～60%做基肥，40%～50%做追肥。

任务实施

1. 育苗肥　每10m² 苗床施150～200kg腐熟有机肥，过磷酸钙1～2kg，与床土混匀后整平做畦，浇透水，播种后覆盖地膜。育苗期一般不追肥，如果幼苗生长缓慢，叶片狭小，茎秆细弱，可在定植前15～20d，随水追施氮、磷、钾复合肥1kg左右。

2. 施足基肥　一般每667m^{2}施腐熟有机肥5 000kg，过磷酸钙50kg，可将过磷酸钙与有机肥混合堆制后施用。在整地前撒施60%的基肥，定植时再按行距开沟施剩余的40%。这种撒施与沟施相结合的方法，既有长效性，又利于发小苗。

3. 追肥　第一次追肥在定植后15d，随灌水每667m^{2}追尿素10kg；第二次追肥在蹲苗结束，“门椒”以上茎叶已长出3～5片，果实为核桃大小时可结合浇水，每667m^{2}追尿素10～15kg；第三次追肥为结果盛期，每667m^{2}追尿素10～15kg或三元复合肥15kg；第四次追肥在结果中后期，每667m^{2}追尿素10kg。以后可据长势和土壤肥力，再追施1～2次肥，每次每667m^{2}追施尿素10kg。

4. 叶面施肥　叶面喷肥可在花期喷0.1%～0.2%的硼砂溶液，可提高坐果率。开花结果期，也可喷施0.5%尿素加0.2%～0.3%磷酸二氢钾，对提高辣椒产量和品质有明显的效果。辣椒易产生缺钙问题，发生顶腐、烂果等现象，可叶面喷施0.3%氯化钙溶液。

能力转化

为某一农户的辣椒田制订平衡施肥计划。

任务五　芹菜配方施肥

知识准备

一、芹菜需肥规律

芹菜是蔬菜作物中要求土壤肥力水平较高的种类之一。虽然芹菜的吸肥量并不高，但是实际的施肥量特别是氮和磷的施肥量，要比实际吸肥量高出2～3倍，说明芹菜是吸肥能力低而耐肥力比较高的作物，它要在较高土壤浓度状态下，才能够大量吸收肥料的蔬菜，施肥量过少，不仅不能正常生育，而且品质也不好。芹菜营养生长盛期吸收养分数量高，对氮、磷、钾、钙、镁的吸收量占总吸收量84%，芹菜需氮量最高，钙、钾次之，磷、镁最少，芹菜对硼吸收量也很大，在缺硼的土壤或由于干旱低温抑制吸收时，叶柄易横裂，即茎裂病，严重影响产量和品质。一般来说每生产1 000kg芹菜，需吸收氮（N）

1.8～2.0kg、磷（P_2O_5）0.7～0.9kg、钾（K_2O）3.8～4.0kg，吸收比例为1.0∶0.4∶2.0。

二、芹菜配方施肥推荐用量

芹菜在绿叶菜中，生长期较长，应重视基肥的施用，化肥和农家肥（或商品有机肥）混合施用。基肥用量一般施充分腐熟的优质有机肥4 000～8 000kg，过磷酸钙30～50kg。高肥力菜田每667m^{2}产量7 000～8 000kg，总追肥量为尿素60～70kg、硫酸钾30kg；中肥力菜田每667m^{2}产量5 500～6 500kg，总追肥量为尿素50～55kg、硫酸钾25kg；低肥力菜田每667m^{2}产量4 000～5 000kg，总追肥量为尿素45～50kg、硫酸钾20kg。实际用量根据菜田土壤肥力和芹菜产量确定。

任务实施

1. 基肥施用 由于芹菜根系浅，栽培密度大，在定植前整地时一定要施足底肥。每667m^{2}施入有机肥4 000～5 000kg、过磷酸钙30～35kg、硫酸钾25～20kg，对于缺硼土壤每667m^{2}可施入硼砂1～2kg。

2. 追肥施用 一般在定植后缓苗期间不追肥，缓苗后植株生长很慢，为了促进新根和叶片的生长，可施一次提苗肥，每667m^{2}随水追施尿素5.0～7.5kg或硫酸铵10.0kg，或腐熟的人粪尿500～600kg。从新叶大部分展出到收获前植株进入旺盛生长期，叶面积迅速扩大，叶柄迅速伸长，叶柄中薄壁组织增生，芹菜吸肥量大，吸肥速率快，要及时追肥。第一次每667m^{2}追施尿素7～9kg或硫酸铵15～20kg，硫酸钾10～15kg。第一次追肥半月以后，芹菜进入旺盛生长期，细小白根布满地面，叶色鲜绿而发亮，叶面出现一些凸起，这时进行第二次追肥，用量与第一次相同。再过15d左右进行第三次追肥，肥料用量与第一次相同，或视芹菜的生长情况增加或减少肥料用量。

3. 叶面施肥 在土壤追肥的基础上，还应进行2～3次叶面追肥。一般可喷施0.5%尿素或磷酸二铵溶液。若土壤中钙、硼不足，可分别喷施0.3%氯化钙和0.1%硼酸溶液，以改善芹菜的营养条件，对提高芹菜产量和获得优质商品菜有一定的作用。

能力转化

为某一农户的芹菜田制订平衡施肥计划。

任务六 生菜配方施肥

知识准备

一、生菜需肥规律

在生菜整个生长过程中，苗期对氮的需求较高，对磷次之，钾肥的需求较少；到了中期，进入生菜生长的旺盛期，对氮肥、钾肥的需求都在不断增大，氮肥的需求量达到整个生菜生长的高峰，而对钾肥的需求量也在不断地增大；到了中后期，也就是生菜开始结球的时期，此对钾肥的需求达到了高峰，氮肥的需求则开始减少。每生产1 000 kg 生菜约需吸收纯氮（N）2.5kg、磷（P_2O_5）1.2kg、钾（K_2O）4.5kg，其吸收比例约为1.0∶0.5∶1.8，其中结球生菜需钾更多。生长期需要氮、磷、钾配合施用。

二、生菜配方施肥推荐用量

在每 667m² 产结球生菜2 500～3 000kg 的地块上，全生育期每 667m² 施肥量为农家肥2 500～3 000kg、氮（N）14～17kg、磷（P_2O_5）6～8kg、钾（K_2O）11～13kg。氮、钾肥分基肥和二次追肥施用，磷肥全部做基肥。

任务实施

1. 苗肥的施用 每 667m² 施腐熟好的优质有机肥3 000～4 000kg、过磷酸钙 25～30kg，耕翻耙平整细做畦育苗。播前用清水浇苗床，播后用细土覆盖（细土可拌多菌灵和其他杀菌剂）。苗期不要用人粪尿浇灌。

2. 基肥的施用 定植前每 667m² 施腐熟优质有机肥3 500～4 000kg 或商品有机肥 350～400kg，过磷酸钙 25～30kg，硫酸钾 7～10kg 或草木灰 100kg，耕翻 20～30cm，耙细整平做畦，畦宽 1.0～1.2m，畦长视棚室跨度而定，然后铺地膜准备定植。

3. 追肥的施用 生菜的追肥在施足基肥的基础上，基本掌握促前、控中、攻后的原则，即生育前期用氮肥促叶片生长发育，生育中期适当控肥水防止徒长，生育后期施肥攻叶球。生菜定植后需进行 2～3 次追肥。定植后 7～10d，即缓苗后结合浇水，每 667m² 追施尿素 3～5kg，或硫酸铵 7～10kg。早熟品种在定植后 15d 左右，中熟品种在 20d 左右，晚熟品种在 30d 左右，进入结球初期，结合浇水，每 667m² 追施硫酸铵 25～30kg 或尿素 10～15kg，硫酸钾 10～15kg。

能力转化

为某一农户的生菜田制订平衡施肥计划。

任务七　萝卜配方施肥

知识准备

一、萝卜需肥规律

萝卜生长初期对氮、磷、钾吸收较慢，随着生长而加快，到肉质根生长盛期，对氮、磷、钾的吸收量最多。萝卜在不同生育期中对氮、磷、钾吸收量的差别很大，在幼苗期，植株小，吸收量也少，吸收氮最多，钾次之，磷最少。当进入莲座期后，吸收量明显增加，根系吸收氮、磷的量比前一期增加3倍，吸收的钾比前期增加了6倍，吸收肥料钾最多。萝卜生长的中后期，肉质根的生长量为肉质根总质量的80%，氮、磷、钾的吸收量也为总吸收量的80%以上。这时氮的吸收速度稍为迟缓，叶片中的含氮量一直高于根中的含氮量，而钾的吸收量继续显著增长，主要积累于根中，一直持续到收获之时。在此段时间吸收的无机营养有3/4都是用于肉质根的生长。每生产1 000kg萝卜，需氮（N）2.1～3.1kg、磷（P_2O_5）0.8～1.9kg、钾（K_2O）3.8～5.6kg。其比例为1.0∶0.2∶1.8。

二、萝卜配方施肥推荐用量

中等肥力水平下萝卜全生育期每667m^{2}施肥量为农家肥2 500～3 000kg（或商品有机肥250～300kg）、氮肥14～16kg、磷肥6～8kg、钾肥9～11kg，氮、钾肥分基肥和二次追肥，磷肥全部做基肥，化肥和农家肥（或商品有机肥）混合施用。

任务实施

1. 基肥的施用　每667m^{2}施用农家肥2 500～3 000kg或商品有机肥250～300kg，尿素10kg，过磷酸钙25～30kg，硫酸钾10kg或草木灰50kg。亦可在施足腐熟有机肥的基础上，每667m^{2}施氮、磷、钾三元复合肥30kg左右或每667m^{2}施萝卜专用肥40～55kg。

2. 追肥的施用　在追肥施用上，肉质根膨大前期每667m^{2}施尿素15kg、硫酸钾10kg，肉质根膨大中期每667m^{2}施尿素10kg、硫酸钾10kg；萝卜莲座期为叶和根生长并进，以长根为主的时期，每667m^2 随水追施磷、钾专用复合肥20kg左右。肉质根迅速膨大期，应补施一次三元复合肥30kg左右。对生长期短的中小型萝卜，经二次追肥后，萝卜肉质根会迅速膨大，可不再施追肥。而对大型的秋冬萝卜，生长期长，待萝卜露肩时或露肩后，还应追施一次肥，这样会有显著的增产效果。条件允许时，顺水冲施腐熟人粪尿或饼肥，并与复合肥交替进行。对地力差、基肥不足而质量又差或播期晚的地块，前期施入少量速效氮肥尤为重要。

萝卜对硼、钼很敏感。幼苗期分别以0.02%～0.05%钼酸钙或钼酸钠、0.10%～0.25%硼砂做根外追肥。在露肩后期，叶喷一次0.5%～1.0%磷酸二铵或磷酸二氢钾，增产效果极佳。

能力转化

为某一农户的萝卜田制订平衡施肥计划。

项目四　主要农作物配方施肥

学习目标

知识目标　了解玉米、冬小麦、谷子、马铃薯、大豆需肥规律，明确玉米、冬小麦、谷子、马铃薯、大豆配方施肥推荐用量。

技能目标　能够正确确定玉米、冬小麦、谷子、马铃薯、大豆施肥方案，掌握其平衡施肥的综合配套技术。

情感目标　明确节省肥料、平衡施肥的意义，提高无公害农作物施肥利用率。

任务一　春玉米配方施肥

知识准备

一、春玉米需肥规律

一般每生产100.0kg玉米籽粒需吸收氮（N）2.57～3.43kg、磷（P_2O_5）0.86～1.23kg、钾（K_2O）2.14～3.26kg，氮、磷、钾的比例为1.00∶0.36∶0.95。

氮在春玉米各生育期的累进吸收量是逐渐上升的。出苗后 23d（约拔节期）其累进吸收量为 2.14%，拔节孕穗期（出苗后 60d 左右）的累进吸收量为 34.35%，至抽雄开花期（大约出苗后 70d）为 53.3%。磷在春玉米各生育期的累进吸收量逐渐上升，至拔节孕穗期末为 46.16%，到抽穗开花期为 64.98%，授粉以后到成熟期，磷的吸收量还占总吸收量的 35.02%。钾在春玉米各生育时期的累进吸收量在拔节以后迅速上升，至抽雄开花期达顶点，而在灌浆至成熟期因植株内钾外渗到土壤中去，所以缓慢下降。

二、春玉米配方施肥推荐用量

北方春玉米区配方施肥（表 3-24）要注意三点：一要狠抓有机肥的施用量，保证亩均有机肥达到2 000kg 以上。二要进一步协调氮磷比例，适当降低氮肥用量，稳住磷肥用量，高产田增加钾肥用量。三要注意合理增施锌肥。

表 3-24　每 667m² 春玉米推荐施肥量（kg）

目标产量	有机肥	氮（N）	磷（P_2O_5）	钾（K_2O）
400～500	1 500～2 000	10～13	4～6	4～5
500～600	1 500～2 000	12～14	5～7	4～5
600～700	1 500～2 000	13～15	6～8	5～6
700 以上	1 500～2 000	15～17	7～9	6～8

注：土壤速效钾含量＜120mg/kg，每 667m² 适当补钾（K_2O）5～8kg；土壤速效钾含量在 130mg/kg 左右，每 667m² 适当补钾（K_2O）4～5kg。

任务实施

春玉米应掌握施足底肥、合理追肥原则。一般有机肥、磷、钾及中微量元素肥料均做底肥，氮肥则分期施用。春玉米田氮肥 60%～70%底施、30%～40%追施；在质地偏沙、保肥性能差的土壤，追肥的用量可占氮肥总用量的 50%左右。

1. 基肥　每 667m² 施腐熟有机肥1 500～2 000kg（3～4m³）、过磷酸钙 25～50kg、硫酸钾 10kg、硫酸锌 1.0～1.5kg（或每千克种子拌硫酸锌 4～6g）。做底肥一次撒施，旋耕入土至 15～20cm。或每 667m² 用复合肥（28-12-10）50kg 做底肥。

2. 种肥　如果基肥充足，可不施种肥；如果基肥不足，可用磷酸二铵做种肥，且基肥中适当减少过磷酸钙用量。

如磷酸二铵做种肥，用量为 2～3kg，施肥方法为侧施或侧下施，施肥深度为 3～5cm。播种时要与穴、条施的肥料相距 5～10cm，切忌直接与种子同穴施。

3. 追肥　最好分 2 次（拔节和大喇叭口期）追肥。如灌溉条件欠缺，则最少追1次肥，应选择在大喇叭口期（10～13个展开叶），结合灌水施尿素20～30kg。耧开沟施肥，距植株7cm左右，深施覆土（7～10cm）。

4. 秸秆还田　作物秸秆还田地块要增加氮肥用量10%～15%，以协调碳氮比，促进秸秆腐解。可在秋季加入人、畜粪尿以促进腐解，并注意翻压深度为20cm。

能力转化

为某一农户的玉米田制订平衡施肥计划。

任务二　冬小麦配方施肥

知识准备

一、冬小麦需肥规律

小麦生长发育需氮、磷、钾、铜、锌、锰、硼等多种元素，平均每生产100kg小麦籽粒，大致上需要从土壤中吸收氮（N）3.0～3.5kg、磷（P_2O_5）1.0～1.5kg、钾（K_2O）2.0～4.0kg，在每667$m^2$300kg左右的产量水平时三者比例约为3∶1∶3，而当产量提高到每667$m^2$500kg左右的产量水平时，则接近于2.6∶1.0∶3.5。可见，随着产量的提高，对磷、钾的吸收量有明显增加的趋势。养分吸收率随小麦生育期而不同，氮的吸收有2个高峰，分蘖到越冬吸氮量占总吸收量的13.5%，拔节到孕穗期吸氮量占总吸收量的37.3%；小麦对磷、钾的吸收随生长的推移而增多，拔节后吸收率激增，占总吸收量40%以上的磷、钾是在孕穗以后吸收的。小麦对磷肥吸收高峰期出现在拔节扬花期，占磷总吸收量的60%～70%;，拔节孕穗期吸收钾最多，可达60%～70%。

二、冬小麦配方施肥推荐用量

针对冬小麦生产中氮、磷化肥用量普遍偏高，肥料增产效率下降，有机肥施用不足，中量元素硫及微量元素锰、锌等缺乏时有发生等问题，遵循以下施肥原则：

（1）增施有机肥，实行玉米秸秆还田，提倡有机无机配合。

（2）根据土壤肥力条件，适当调减氮磷化肥用量（表3-25）。氮肥分期施用，适当增加生育中后期的氮肥施用比例。

（3）依据土壤钾素状况，高效施用钾肥；注意中微量元素的配合施用。

表 3-25 每 667m² 冬小麦推荐施肥量（kg）

目标产量	有机肥	氮（N）	磷（P_2O_5）	钾（K_2O）
400 以下	2 500～3 000	8～12	4～5	0～5
400～500	2 500～3 000	10～13	5～6	0～5
500～600	2 500～3 000	12～15	6～8	5～8
600 以上	4 000	13～16	8～10	8～10

注：每 667m² 土壤速效钾含量＜120mg/kg，适当补钾（K_2O）5～8kg；每 667m² 土壤速效钾含量在 130mg/kg 左右，适当补钾（K_2O）4～5kg。

任务实施

1. 基肥 一般每 667m² 施优质有机肥2 000kg。根据小麦吸肥规律，高肥水地块每 667m² 应施尿素 4～7kg、磷酸二铵 15～17kg、氯化钾 12～17kg，也可选用 45%复合肥或 40%小麦专用肥 50kg；中低产肥地块每 667m² 应施尿素 2～5kg、磷酸二铵 18～22kg、氯化钾 9～12kg，也可选用 45%复合肥或 40%小麦专用肥 40～50kg，缺锌地块可配施硫酸锌 2kg。

2. 种肥 施种肥是最经济有效的施肥方法。一般每 667m² 施尿素 2～3kg，或过磷酸钙 8～10kg，也可用复合肥 10kg 左右。微肥可做基肥，也可拌种，用锌、锰肥拌种时，每千克种子用硫酸锌 2.0～6.0g、硫酸锰 0.5～1.0g，拌种后随即播种。

3. 追肥 小麦追肥的时间一般在拔节期，追肥量看苗情而定，小麦分蘖多、苗情好、长势旺盛，应适当晚施，并减少施用量，可在拔节后每 667m² 施尿素 15～20kg；小麦分蘖少、苗情不好、长势弱，应适当早施，并加大用量，可在返青后每 667m² 施尿素 20～25kg。但当基肥未施磷肥和钾肥，且土壤供应磷、钾又处于不足的状况时，应适当追施磷肥和钾肥。

小麦抽穗期对叶色发黄有脱肥早衰现象的麦田，可喷施 1.5%～2.0%的尿素溶液；对叶色浓绿有贪青晚熟趋势的麦田，可喷施 0.2%～0.3%的磷酸二氢钾溶液。一般应每隔 7d 左右喷一次，共喷 2～3 次，每次喷液量不少于 20kg。在有需求有条件的地区，后期小麦叶面施肥的成分还可增加微量元素肥料。

能力转化

为某一农户的冬小麦田制订平衡施肥计划。

任务三　谷子配方施肥

知识准备

一、谷子需肥规律

谷子是适应性广、耐干旱、耐瘠薄、抗逆性强的作物，但要获得高产，也要满足谷子对养分的要求，谷子每形成 100kg 籽粒，需吸收氮（N）2.50kg、磷（P_2O_5）1.25kg、钾（K_2O）1.75kg，其吸收比例为 1.0：0.5：0.7。谷子在苗期阶段生长缓慢，吸收能力弱，所需养分较少，苗期吸氮量占谷子一生吸氮量的 3%，氧化钾为 5%，拔节后直至抽穗前 20 多天内，植株对养分吸收量显著增加，形成全生育期第一个养分吸收高峰，这时期吸氮量占谷子一生吸氮量的 50%～70%，五氧化二磷为 50%，氧化钾 60%。抽雄后，营养体吸收速度下降，养分吸收速度下降，开花后，养分吸收量又有增加，形成全生育期第二个养分吸收高峰，氮、磷、钾的吸收量占整个生育期养分吸收量的 20%左右，灌浆后营养体生长停止，需肥力减弱。

二、谷子配方施肥推荐用量

一般施肥原则是底肥施足，有机、无机肥相结合，多施有机肥，可减少化肥用量（表 3-26）。

表 3-26　每 667m² 谷子推荐施肥量（kg）

目标产量	有机肥	氮（N）	磷（P_2O_5）	钾（K_2O）
300	3 000	4.5	6.2	0～5
400	3 000	5.9	8.3	0～5
500	3 000	7.1	10.3	5

注：土壤速效钾含量小于 120mg/kg 时，每 667m² 要适当补钾（K_2O）4～5kg。

任务实施

1. 基肥　基肥的施用方式不同对谷子产量影响很大，秋施比春施好，最好结合秋耕一次性施入土壤，在一般肥力条件下，每 667m² 施优质有机肥 2 500kg 以上，施用时因地制宜，黏重土壤，地温低，要增施骡马粪、羊粪；沙性土壤多施猪、羊粪等。

2. 种肥　施种肥是最经济有效的施肥方法。种肥施用有两种方式：①每 667m² 施腐熟有机肥 400～500kg；②在施用基肥的基础上，每 667m² 用 10kg

磷酸二铵或氮、磷、钾复合肥做种肥。施用时要和种子隔开，以免烧苗。

3. 追肥 追肥增产作用最大的时期是抽穗前15～20d的孕穗期，一般每667m^2施尿素10～15kg为宜。氮肥较多时，分别在拔节期追施“坐胎肥”，孕穗期追施“攻粒肥”。在谷子生育后期，叶面喷施0.5%磷酸二氢钾和微量元素肥料，可促进开花结果。

能力转化

为某一农户的谷子田制订平衡施肥计划。

任务四　马铃薯配方施肥

知识准备

一、马铃薯需肥规律

马铃薯俗称土豆，是一种营养全面的粮菜兼用作物。马铃薯在生育期中吸收钾肥最多，氮肥次之，磷肥最少。每生产1 000kg马铃薯需吸收氮（N）4.4～5.5kg、磷（P_2O_5）1.8～2.2kg、钾（K_2O）7.9～10.2kg，其吸收比例为1.0：0.4：2.0。除氮、磷、钾外，钙、硼、铜、镁等元素也是马铃薯生长发育所必需的营养元素，尤其是对钙元素的需要相当于钾的1/4。

各种成分在马铃薯的不同生育期中含量不同。氮素是从萌芽后到花蕾着生期前后含量最多。磷的含量随着植株生长期的延长而降低。钾的含量在萌芽时低，萌芽后迅速增加，在开花期后反而下降。

从发芽到幼苗期，由于块茎含有丰富的营养物质故需要养分较少，大约占全生育期的1/4。块茎形成与增长期，地上部茎叶生长与块茎的膨大同时进行，需肥较多，约占总需肥量的1/2。淀粉积累期，需要养分较少，约占全生育期的1/4。可见，块茎形成与增长期的养分供应充足，对提高马铃薯的产量和淀粉含量起重要作用。

二、马铃薯配方施肥推荐用量

马铃薯施肥技术，应遵循以施农家肥为主、化肥为辅，基肥为主、适当追肥的原则。坚持重施农家肥，合理施用氮肥，增施磷肥，补施钾肥的施肥原则。马铃薯属忌氯喜钾作物，需要注意的是，不能施用含氯的肥料如氯化钾、氯化铵及含氯离子的复合肥、复混肥等。

任务实施

1. 基肥　基肥用量一般占总施肥量的 2/3 以上，基肥以腐熟农家肥为主，增施一定量化肥。具体施肥量为：在每 667m^2 产1 500kg 左右的地块，施有机肥1 500～2 500kg、尿素 20kg、普通过磷酸钙 20～30kg、硫酸钾 10～12kg，或高氮高钾型的复合肥 40～60kg，高产地区施肥量可适当增加。将化肥施于离薯块 2～3cm 处，避免与种薯直接接触，施肥后覆土，也可将化肥与有机肥混合后施用，可提高化肥利用率。

2. 追肥　追肥要结合马铃薯生长时期进行合理施用。幼苗期要追施氮肥，可结合中耕培土每 667m^2 用尿素 5～8kg 对水浇施，有利于保苗。马铃薯开花后，一般不进行根部追肥，特别是不能追施氮肥，主要以叶面喷施磷、钾肥，每 667m^2 叶面喷施 0.3%～0.5%的磷酸二氢钾溶液 50kg，若缺氮，可增加 100～150g 尿素，每 10～15d 喷一次，连喷 2～3 次。马铃薯对硼、锌比较敏感，如果土壤缺硼或缺锌，可以用 0.1%～0.3%的硼砂或硫酸锌根外喷施，一般每隔 7d 喷一次，连喷 2 次，每 667m^2 用溶液 50～70kg 即可。

能力转化

为某一农户的马铃薯田制订平衡施肥计划。

任务五　大豆配方施肥

知识准备

一、大豆需肥规律

大豆在粮油作物中所吸收的养分远远高于水稻、小麦和玉米。每生产 100kg 大豆，需要从土壤中吸收氮（N）6.5kg、磷（P_2O_5）1.5kg、钾（K_2O）3.2kg，三者的比例是 4：1：2。大豆需氮虽多，但可通过根瘤固氮，一般每 667m^2 可从大气中获取氮 5.0～7.5kg，为大豆需氮的 40%～60%。必须施用一定数量的氮、磷、钾肥才能满足大豆生长的需要。

大豆出苗和分枝期占全生育期吸氮总量的 15.0%，分枝至盛花期占 16.4%，盛花至结荚期占 28.3%，鼓粒期占 24.0%。开花至鼓粒期是大豆吸氮的高峰期；苗期至初花期占 17%，初花至鼓豆期占 70%，鼓粒至成熟期占 13%。大豆在生长中期对磷的需要最多，但幼苗期对磷十分敏感；开花前累计吸钾量占 43.0%，开花至鼓粒期占 39.5%，鼓粒至成熟期仍需吸收 17.2%的钾，吸收钾的高峰在结荚期。可见，开花至鼓粒期既是大豆干物质累积的高峰期，又是吸收氮、磷、钾养分的高峰期。

二、大豆配方施肥推荐用量

大豆施肥技术既要保证大豆有足够的营养，又要发挥根瘤菌的固氮作用。施肥要做到有机肥和化肥并用，氮、磷、钾等大量元素和硼、钼等微量元素合理搭配。无论是生长前期或生长后期，氮肥不应过量，以免影响根瘤菌生长或引起倒伏，也必须纠正那种“大豆有根瘤菌就不需要氮肥”的错误概观念。大豆施肥要求每 667m^2 施氮（N）2.0～5.0kg，磷（P_2O_5）5.0～7.5kg，钾（K_2O）7.5～10.0kg。

任务实施

1. 基肥 基肥以农家肥为主，混施磷、钾肥。每 667m^2 施有机肥1 500～2 000kg 或商品有机肥 250～300kg，低肥力土壤上种植大豆可以加过磷酸钙、氯化钾各 10kg 做基肥，对大豆增产有好处。也可在前茬粮食作物上施用较多有机肥料，而大豆则利用其后效。

2. 种肥 在未施基肥或基肥数量较少条件下施用种肥，一般每 667m^2 施过磷酸钙 10～15kg 和尿素 2～3kg，或磷酸铵 5kg 左右。施肥深度 8～10cm，距离种子 6～8cm 为好。一般缺硼的土壤加硼砂 0.4～0.6kg。切勿使种子与肥料直接接触，最好施于种子下部或侧面。此外用 1%～2%钼酸铵拌种效果也很好。

3. 追肥 大豆是否追施氮肥，取决于前期的施肥情况。如果基肥种肥均未施而土壤肥力水平又较低时，可在初花期施少量氮肥，一般每 667m^2 施尿素 4～5kg，土壤缺磷时在追肥中还应补施磷肥，磷铵是大豆理想的氮、磷追肥，一般每 667m^2 施 8～10kg。在土壤肥力水平较高的地块，不要追施氮肥。

4. 根外追肥 大豆可在初花期至鼓粒初期，叶面喷 0.2%～0.3%的磷酸二氢钾水溶液或用每 667m^2 用含 2～4kg 过磷酸钙的水溶液 100kg 根外喷施；另外，花期喷施 0.1%的硼砂、硫酸铜、硫酸锰水溶液可促进籽粒饱满，增加大豆含油量。

能力转化

为某一农户的大豆田制订平衡施肥计划。

单元四 土壤分析测定技术

项目一 土壤样品采集与制备

【实训目标】

土壤样品的采集与制备是土壤分析工作中的一个重要环节，直接影响到分析结果的准确性和精确性。

能够熟练准确进行土壤耕层混合样品的采集和制备，为以后正确进行土壤分析奠定基础。

【实训准备】

取土钻或小铁铲、布袋（塑料袋）、标签、铅笔、钢卷尺、木板、木棍、镊子、土壤筛（18 目、60 目）、广口瓶、样品盘等。

【实训原理】

通过多点采集，使土样具有代表性；四分法以保证样品取舍时的代表性；根据农化分析样品的要求，将采集的代表土样磨成一定的细度，以保证分析结果的可比性。

【实训方法】

工作环节	操作流程	注意事项
耕层混合样品采集	（1）布点。根据地块面积大小，采用S形、对角线、棋盘式（多采用S形布点）等选取采样点（图4-1），一般以5～20个点为宜	（1）随机。每个采样点的选取是随机的，尽量分布均匀

（续）

工作环节	操作流程	注意事项
耕层混合样品采集	（2）取土。在选定采样点上先将表土上的杂物去除→用土钻或小铁铲垂直入土 15～20cm 左右→依次采 5～20 个点→采集的各点土样收集于布袋中→带回实验室→充分混匀→采用四分法（图 4-2）弃去多余的土样直至所需要数量为止（一般每个混合土样的质量以 1kg 左右为宜）→用铅笔写标签（注明采样地点、采样日期、采样深度、土壤名称、编号及采样人等）	（2）等量。每点采取土样深度一致，采样量一致 （3）堆过肥料的地段、田埂、沟边及特殊地形部位不易布点
样品自然风干	野外采回的样品放在样品盘上→将土样内的石砾、根系等物质仔细剔除→捏碎土块→摊成薄薄一层→在室内通风处自然风干	严禁暴晒，防止酸、碱气体及灰尘的污染
样品处理	完全风干的土样平铺在木板上→用木棍先行碾碎→用 1mm 筛孔（18 目）的筛子过筛，直到全部通过 1mm 筛孔（18 目）为止→用“四分法”分成两份→一份装入具有磨口塞的广口瓶中→另一份土样则继续磨细，至全部通过 0.25mm（60 目）筛孔→将土样装入另一个具有磨口塞的广口瓶中	少量石砾和石块可弃去，多量时，应称其质量，计算其百分含量 1mm 土样供 pH、速效养分测定用；0.25mm 土样供有机质、全量养分测定用
样品贮存	装样后的广口瓶，内外各附一张标签，标签上写明土壤样品编号、采样地点、土壤名称、深度、筛孔直径、采集人及日期等	有效期 1 年左右，在保存期间应避免日光、高温、潮湿及酸、碱气体的影响或污染

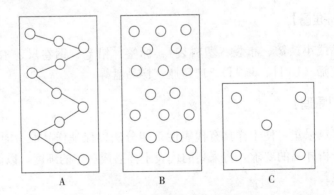

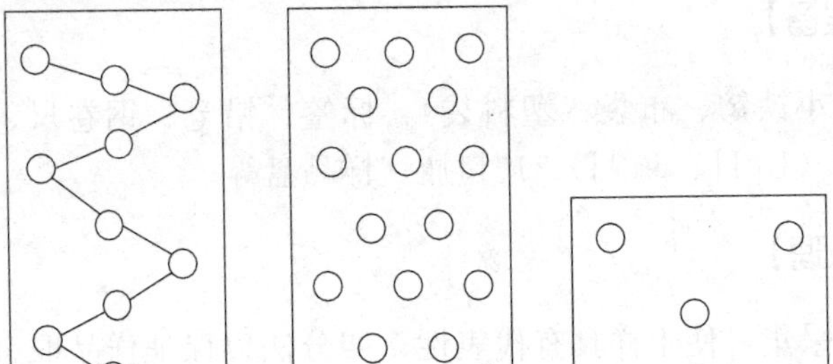

图 4-1　采样点分布法

A. 蛇形法　B. 棋盘式法　C. 对角线法

四分法方法是将各点采集的土样捏碎混匀，铺成正方形，按对角线划分成 4 份，然后沿对角线去掉 2 份（占 1/2），可反复进行类似的操作，直至数量符合要求。

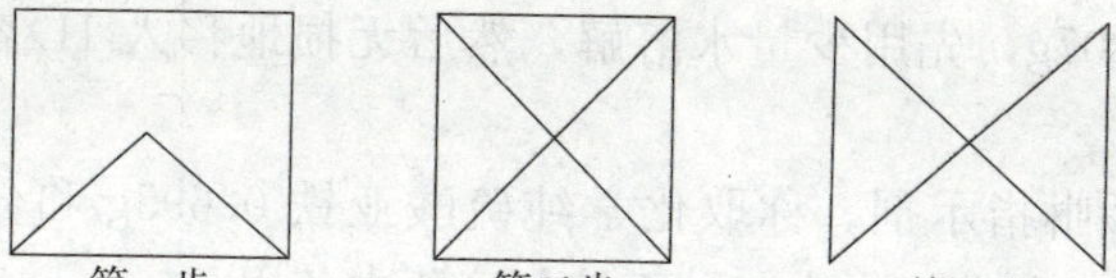

图 4-2　四分法取舍样品

【能力培养】

编写实训报告，其主要内容包括实训名称、实训目标、实训准备、实训原理、操作流程、实训结果、结果分析与体会。

项目二　土壤有机质测定

【实训目标】

土壤有机质含量是衡量土壤肥力的重要指标，对了解土壤肥力状况，进行培肥、改良具一定指导意义。

了解土壤有机质测定原理，初步掌握测定有机质含量的方法，能熟练测出土壤有机质含量。

【实训准备】

1. 仪器用具　分析天平（感量0.000 1g）、电热板、滴定管（25mL）、三角瓶（250mL）、量筒（10mL、100mL）、移液管（10mL）、冷凝管。

2. 试剂配制

（1）0.4mol/L 重铬酸钾-硫酸溶液。称取 40.0g 重铬酸钾溶于 600～800mL 水中，用滤纸过滤到 1L 量筒内，用水洗涤滤纸，并加水至 1L。将此溶液转移至 3L 大烧杯中，另取密度为 1.84g/L 的化学纯浓硫酸 1L，慢慢倒入重铬酸钾溶液内，并不断搅拌。每加约 100mL 浓硫酸后稍停片刻，待冷却后再加另一份浓硫酸，直至全部加完。

（2）0.2 mol/L 硫酸亚铁溶液。称取化学纯硫酸亚铁 55.60g，溶于 600～800mL 蒸馏水中，加化学纯浓硫酸 20mL，搅拌均匀，加水定容至1 000mL，贮于棕色瓶中保存备用。

(3) 0.200 0 mol/L 重铬酸钾标准溶液。称取经130℃烘1.5h以上的分析纯重铬酸钾9.807g，先用少量水溶解，然后无损地移入1L容量瓶中，加水定容。

(4) 邻菲啰啉指示剂。称取化学纯硫酸亚铁0.695g和分析纯邻菲啰啉1.485g溶于100mL蒸馏水中，贮于棕色滴瓶中备用。

(5) 硫酸亚铁溶液的标定。准确吸取3份0.200 0mol/L $K_2Cr_2O_7$ 标准溶液各20mL于250mL三角瓶中，加入浓硫酸3～5mL和邻菲啰啉指示剂3～5滴，然后用0.2 mol/L $FeSO_4$ 溶液滴定至棕红色为止，其浓度计算为：

$$C=\frac{6\times 0.20000\times 20}{V}$$

式中 C——硫酸亚铁溶液摩尔浓度，mol/L；

V——滴定用去硫酸亚铁溶液体积，mL；

6——6 mol/L $FeSO_4$ 与1mol/L $K_2Cr_2O_7$ 完全反应的摩尔系数比值。

【实训原理】

在加热条件下，用稍过量的标准重铬酸钾-硫酸溶液，氧化土壤有机碳，剩余的重铬酸钾用标准硫酸亚铁滴定，以空白和土样所消耗标准硫酸亚铁的量来计算出有机碳量，进一步可计算土壤有机质的含量，其反应式如下：

$$2K_2Cr_2O_7+3C+8H_2SO_4 \longrightarrow 2K_2SO_4+2Cr_2(SO_4)_3+3CO_2\uparrow+8H_2O$$

$$K_2Cr_2O_7+6FeSO_4+7H_2SO_4 \longrightarrow K_2SO_4+Cr_2(SO_4)_3+3Fe_2(SO_4)_3+7H_2O$$

用 Fe^{2+} 滴定剩余的 $Cr_2O_7^{2-}$ 时，以邻菲啰啉（$C1_2H_8N_2$）为氧化还原指示剂。在滴定过程中指示剂的变色过程为：开始时溶液以重铬酸钾的橙色为主，此时指示剂在氧化条件下呈淡蓝色，被重铬酸钾的橙色掩盖，滴定时溶液逐渐呈绿色（Cr^{3+}），至接近终点时变为灰绿色。当 Fe^{2+} 溶液过量半滴时，溶液则变成棕红色，表示颜色已达终点。

【实训方法】

工作环节	操作流程	注意事项
称样	称取通过0.25mm风干土样0.1～0.5g（精确到0.000 1 g）→放入250mL厚壁三角瓶中 必须同时做空白试验（可用石英砂代替土样），其余步骤相同	一般有机质含量＜20g/kg，称量0.4～0.5g；20～70g/kg，称量0.2～0.3g；70～100g/kg，称量0.1g；100～150g/kg，称量0.05g

（续）

工作环节	操作流程	注意事项
加热氧化	用移液管准确加入重铬酸钾-硫酸溶液 10mL 于三角瓶中→土样摇散→放上冷凝管→放在电热板上加热→自冷凝管滴下第一滴溶液开始计时→保持溶液沸腾 5min→从电热板上取下，冷却至室温→用蒸馏水冲洗冷凝管，至总体积为 60～80 mL→加入邻菲啰啉指示剂 3～5 滴→摇匀	（1）此法只能氧化 70%的有机质，所以在计算分析结果时氧化校正系数为 1.4 （2）土样和空白实验中，加入的蒸馏水量和邻菲啰啉指示剂要一致
滴定	用标准的硫酸亚铁溶液滴定，溶液颜色由橙色（或黄绿）经绿色、灰绿色突变棕红色即为终点	（1）指示剂变色明显，临近终点时，要放慢滴定速度。滴定时，先滴空白，再滴土样 （2）如果试样滴定所用硫酸亚铁溶液的体积不到空白实验所消耗的硫酸亚铁溶液体积的 1/3，则可能是氧化不完全，应减少土样称量重做

【实训结果及计算】

1. 结果记录

土壤有机质测定时数据记录

土样编号	土样重（g）	滴定空白消耗体积（mL）	滴定土样消耗体积（mL）	有机质含量（%）

2. 结果计算

$$土壤有机质含量=\frac{(V_0-V)\times C_2\times 0.003\times 1.724\times 1.4}{m}\times 100\%$$

式中　V_0——滴定空白时消耗的硫酸亚铁溶液体积，mL；

V——滴定样品时消耗的硫酸亚铁溶液体积，mL；

C_2——硫酸亚铁溶液的浓度，mol/L；

0.003——1/4 碳原子的毫摩尔质量，g；

1.724——由有机碳换算为有机质的系数；

1.4——氧化校正系数；

m——烘干土样质量，g。

【能力培养】

编写实训报告，其主要内容包括实训名称、实训目标、实训准备、实训原理、操作流程、实训结果、结果分析与体会。

项目三　土壤含水量测定（酒精燃烧法）

【实训目标】

可以了解田间土壤含水状况，为土壤耕作、播种、合理灌排等农业生产措施提供依据。

通过实验明确土壤水分测定的意义和原理，初步掌握测定方法，能熟练测出土壤含水量。

【实训准备】

天平（感量 0.01g）、铝盒、量筒（50mL）、工业酒精、滴管、小刀、火柴等。

【实训原理】

采用酒精燃烧法测定。酒精燃烧时使土样内的温度升至 180～200℃，导致水分蒸发。根据燃烧前后土样的质量变化就可以计算土样的水分含量。本方法通常只适用于含水量较高的新鲜土样，因为此法导致部分有机质被高温氧化损失掉，测定的结果稍高，所以只能用于生产上估计土壤水分含量。

【实训方法】

工作环节	操作流程	注意事项
新鲜样品采集及称重	在田间挖取 1kg 左右表层土壤装入塑料袋→带回实验室→用天平对洗净烘干的铝盒称取质量（W_1）→土样混匀，取 10g 左右的土样放入已称重的铝盒中→称重为铝盒加新鲜土样质量（W_2）	（1）最好采取多点、随机采样，增加土样的代表性 （2）应注意铝盒的盒盖和盒帮相对应，避免出错 （3）将土样内的石砾、根系等物质仔细剔除，以免影响测定结果

（续）

工作环节	操作流程	注意事项
酒精燃烧	将铝盒盖打开用滴管向铝盒内加入工业酒精，直至将全部土样覆盖→在实验台上轻轻转动铝盒→放在石棉网上用火柴点燃铝盒内酒精→任其燃烧至火焰熄灭→稍冷却→小心用滴管重新加入酒精至全部土样湿润→再点火任其燃烧→重复燃烧3次	酒精燃烧法不适用于含有机质高的土壤样品的测定。注意防止土样损失，以免出现误差
冷却称重	燃烧结束后待铝盒冷却至不烫手时，将铝盒盖盖在铝盒上→待其冷却至室温→称重为铝盒加干土重（W_3）	冷却后应及时称重，避免土样重新吸水

【实训结果及计算】

1. 结果记录

土壤含水量测定数据记录表

样品号	铝盒质量（W_1）	盒加新鲜质量（W_2）	盒加干土质量（W_3）	含水量（%）

2. 结果计算

$$土壤含水量（W）=\frac{W_2-W_3}{W_3-W_1}\times 100\%$$

【能力培养】

编写实训报告，其主要内容包括实训名称、实训目标、实训准备、实训原理、操作流程、实训结果、结果分析与体会。

项目四　土壤容重与孔隙度测定

【实训目标】

为当地农田、菜园、果园、绿化地、林地、草地等判断土壤孔隙状况及土壤管理提供依据。

了解土壤容重与孔隙度测定的意义与原理，掌握其测定方法，能熟练准确测定土壤容重和计算土壤孔隙度。

【实训准备】

环刀（容积100 cm^3）、天平（感量500×0.01g和1 000×0.1g）、削土刀、小铁铲、铝盒、酒精、草纸、石棉网、玻璃棒等。

【实训原理】

称出已知容积的环刀质量，然后带环刀到田间取原状土，带回实验室立即称重并用酒精燃烧法测定其自然含水量，通过前后质量之差换算出环刀内的烘干土质量，求得其容重，利用公式计算出土壤孔隙度。

【实训方法】

工作环节	操作流程	注意事项
称环刀重	用草纸擦净环刀的油污，记下环刀编号→称重→带上环刀、削土刀、小铁铲到田间取样	样品称量精确到0.1g；要注意环刀与上下盖对应
田间取样称环刀和湿土重	在田间选择有代表性的地点，先用铁铲铲平→环刀托套在环刀无刃口一端→把环刀垂直压入土中至整个环刀全部充满土壤为止（压入状态见图4-3）→用铁铲将环刀周围的土壤挖去，在环刀下方切断→取出环刀，使环刀两端均留有多余的土壤→擦去环刀周围的土→用小刀细心地沿环刀边缘分别将两端多余的土壤削去，使土样与环刀容积相同→立即盖上环刀盖→立即带回室内称取质量	（1）整个过程中注意保持土样的自然状态 （2）要用力均匀使环刀入土 （3）在用小刀削平土面时，应注意防止切割过分或切割不足 （4）取土结束后应立即盖上盖，防止失重
水分测定	称干净干燥的铝盒质量、编号→从环刀中取20g左右的土样放入已知质量的铝盒中→用酒精燃烧法测定土壤含水量	注意铝盒上下盖在实训中保持对应

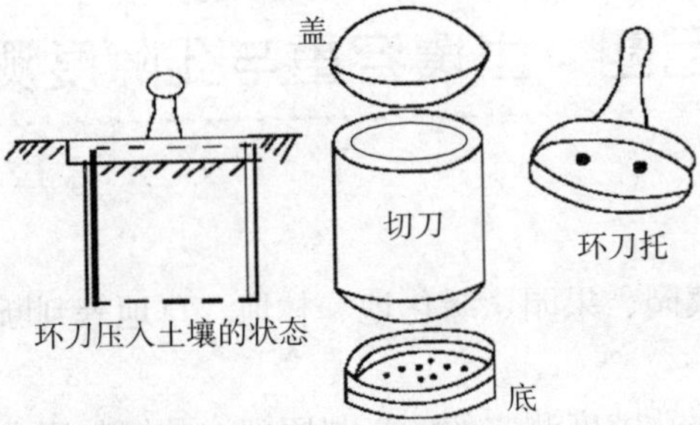

图4-3 环 刀

【实训结果及计算】

1. 结果记录

土壤容重测定记录表

土样编号	环刀质量（G，g）	环刀＋湿土质量（M，g）	铝盒重（W_1，g）	铝盒＋湿土质量（W_2，g）	铝盒＋干土质量（W_3，g）	含水量（%）	容重（g/cm^3）	孔隙度（%）

2. 结果计算

（1）土壤含水量计算。

$$土壤含水量（W）=\frac{W_2-W_3}{W_3-W_1}\times 100\%$$

式中　W_1——铝盒质量；

W_2——铝盒和湿土质量；

W_3——铝盒和干土质量。

（2）土壤容重计算。

$$土壤容重（d，g/cm^3）=\frac{(M-G)\times 100}{V(100+W)}$$

式中　M——环刀及湿土质量，g；

G——环刀质量，g；

V——环刀容积，cm^3，其值为 100 cm^3；

W——土壤含水量，%。

（3）土壤孔隙度计算。

$$土壤总孔隙度（P_1）=（1-\frac{容重}{密度}）\times 100\%$$

【能力培养】

编写实训报告，其主要内容包括实训名称、实训目标、实训准备、实训原理、操作流程、实训结果、结果分析与体会。

项目五　土壤酸碱度测定

【实训目标】

土壤酸碱度测定为农田、菜园、果园、绿化地、林地、草地等合理种植、合理利用、合理改良土壤提供依据。

了解土壤酸碱度测定意义和原理，掌握其测定方法，初步应用电位法和熟练应用混合指示剂法测定土壤酸碱度。

【实训准备】

1. 电位法 酸度计（附甘汞电极、玻璃电极或复合电极）、高型烧杯（50mL）、量筒（25mL）、天平（感量 0.1g）、洗瓶、磁力搅拌器或玻璃棒等。

并提前进行下列试剂配制：

（1）pH 4.01 标准缓冲液。称取经 105℃ 烘干 2～3h 苯二甲酸氢钾（$C_8H_5KO_4$，分析纯）10.21g，用蒸馏水溶解稀释定容至1 000 mL，即为 pH4.01 浓度 0.05 mol/L 的苯二甲酸氢钾溶液。

（2）pH 6.87 标准缓冲液。称取经 120℃ 烘干的磷酸二氢钾 3.39g（KH_2PO_4，分析纯）和无水磷酸氢二钠（Na_2HPO_4，分析纯）3.53g，溶于蒸馏水中，定容至1 000mL。

（3）pH 9.18 标准缓冲液。称 3.80g 硼砂（$Na_2B_4O_7$，分析纯）溶于无二氧化碳的蒸馏水中，定容至1 000mL，此溶液的 pH 容易变化，应注意保存。

（4）1 mol/L 氯化钾溶液。称取化学纯氯化钾（KCl）74.6g，溶于 400mL 蒸馏水中，用 10%氢氧化钾和盐酸调节 pH 至 5.5～6.0，然后稀释至 1 000mL。

2. 混合指示剂法 工具有白瓷比色板、玛瑙研钵等。并提前进行下列试剂配制：

（1）pH4～8 混合指示剂。分别称取溴甲酚绿、溴甲酚紫及甲酚红各 0.25g 于玛瑙研钵中加 15mL 0.1mol/L 的氢氧化钠及 5mL 蒸馏水，共同研匀，再加蒸馏水稀释至1 000mL，此指示剂的 pH 变色范围如下（表 4-1）：

表 4-1 pH4～8 混合指示剂显色情况

pH	4.0	4.5	5.0	5.5	6.0	6.5	7.0	8.0
颜色	黄色	绿黄色	黄绿色	草绿色	灰绿色	灰蓝色	蓝紫色	紫色

（2）pH4～11 混合指示剂。称取 0.2g 甲基红、0.4g 溴百里酚蓝、0.8g 酚酞，在玛瑙钵中混合研匀，溶于 95%的 400mL 酒精中，加蒸馏水 580mL，再用 0.1 mol/L 氢氧化钠调至 pH7（草绿色），用 pH 计或标准 pH 溶液校正，最后定容至1 000mL，其变色范围如表 4-2 所示。

表 4-2　pH4～11 混合指示剂显色情况

pH	4.0	5.0	6.0	7.0	8.0	9.0	10.0	11.0
颜色	红色	橙黄色	稍带绿	草绿色	绿色	暗蓝色	紫蓝色	紫色

【实训原理】

1. 电位法　用水或中性盐溶液提取土壤中水溶性氢离子或交换性氢离子、铝离子，再用指示电极（玻璃电极）和另一参比电极（甘汞电极）测定该浸出液的电位差。由于参比电极的电位是固定的，因而电位差的大小取决于试液中的氢离子活度。在酸度计上可直接读出 pH。

2. 混合指示剂法　利用指示剂在不同 pH 溶液中，可显示不同颜色的特性，根据其显示颜色与标准酸碱比色卡进行比色，即可确定土壤溶液的 pH。

【实训方法】

1. 电位法

工作环节	操作规程	注意事项
水浸液制备	称取通过 1mm 筛孔的风干土样 25.0g 于 50mL 烧杯中→用量筒加无二氧化碳蒸馏水 25mL 于 50mL 烧杯中→在磁力搅拌器上（或用玻棒）剧烈搅拌 1～2min，使土体充分分散→放置 30 min 后进行测定	（1）放置 30 min 时应避免空气中氨气或挥发性酸等的影响 （2）当土壤 pH<7 时，用 1 mol/L 氯化钾溶液代替无二氧化碳蒸馏水
仪器校准	（1）将待测液与标准缓冲液调到同一温度，并将温度补偿器调到该温度值 （2）用标准缓冲液校正仪器时，先将电极与所测试样 pH 相差不超过 2 个 pH 单位的标准缓冲液，调节定位器使读数刚好为标准液的 pH，反复几次至读数稳定 （3）取出电极洗净，用滤纸条吸干水分，再插入第二个标准缓冲液中，进行校正	（1）长时间存放的电极用前应在水中浸泡 24h，使之活化后才能正常使用 （2）暂时不用可浸泡在水中，长期不用应干燥保存。两标准之间允许偏差 0.1 个 pH 单位，如超过则应检查仪器电极或标准缓冲液是否有问题 （3）仪器校准无误后，方可用于样品测定
pH 测定	电极插入待测液中→轻轻摇动烧杯以除去电极上水膜，使其快速平衡→静置片刻→待读数稳定时记下 pH→取出电极→用水洗涤→用滤纸条吸干水分→进行第二个样品测定	（1）每测 5～6 个样品后需用标准缓冲液检查定位 （2）电极位置应在上部清液中，尽量避免与泥浆接触。操作过程中避免酸、碱蒸汽侵入 （3）标准缓冲液在室温下可保存 1～2 月，在 4℃ 冰箱中可延长期限。发现混浊、沉淀不能再施用

2. 混合指示剂法

工作环节	操作规程	注意事项
试样制备	取黄豆大小待测土壤样品置于清洁白瓷比色板穴中→加指示剂 3～5 滴以能全部湿润样品而稍有剩余为宜→水平振动 1min→静置片刻	为了方便而准确，事先配制成不同 pH 的标准缓冲液，每隔半个或一个 pH 单位为一级，取各级标准缓冲液 3～4 滴于白瓷比色板穴中，加混合指示剂 2 滴，混匀后，即可出现标准色阶，用颜料配制成比色卡片备用
pH 测定	待稍澄清后，倾斜瓷板，观察溶液色度与标准色卡比色，确定 pH	

【实训结果】

土壤 pH 记录表

土样编号	风干土重 (g)	浸提液用量 (mL)	土壤 pH

【能力培养】

编写实训报告，其主要内容包括实训名称、实训目标、实训准备、实训原理、操作流程、实训结果、结果分析与体会。

项目六　土壤有效养分的速测技术

【实训目标】

能明确当地农田、菜园、果园、绿化地、林地、草地等主要土壤有效养分含量，为指导合理施肥提供科学依据。

了解土壤有效养分的测定意义，掌握其测定方法，熟练准确测定当地土壤有效养分含量。

【实训准备】

土壤养分速测仪（附比色皿）、振荡机、三角瓶、量筒漏斗、洗瓶、玻璃棒塑料吸管等。

【实训原理】

以浸提剂提取土壤中的有效养分，然后加入相关试剂产生化学反应，通过已知的标准液及土壤养分速测仪器来测定待测液的浓度。

【实训方法】

工作环节	操作流程	注意事项
水浸液制备	（1）取3平勺土样（4g）放入带盖子厚壁三角瓶中→用量筒加水20mL→加1平勺把1号粉（1g左右）→盖上瓶盖→在振荡机上振荡10min→过滤为氮、钾待测液 （2）取3平勺土样（4g）放入带盖子厚壁三角瓶瓶中→用量筒加水20mL→加1勺把2号粉（0.5g左右）→盖上瓶盖→在振荡机上振荡20min→过滤为磷待测液	（1）1号粉为硫酸钠 （2）2号粉为碳酸氢钠
铵态氮测定	（1）空白液。用一只干净的塑料吸管向一个玻璃比色皿内加水至2/3位置，作为空白液 （2）标准液。用塑料吸管向另一个玻璃比色皿中滴入18滴水→滴入氮标准液2滴→摇匀为20mg/kg标准液 （3）待测液。用塑料吸管吸取氮、钾待测液向第三个玻璃比色皿中滴入20滴 （4）向装有标准液和待测液的玻璃比色皿内分别加入2滴氮1号试剂→摇匀→各加入2滴氮2号试剂→摇匀→放置10min→各滴入10滴水→立即上仪器测试	（1）测氮时选择红光测定 （2）按仪器屏显示步骤测定
速效磷测定	（1）空白液。用一只干净的塑料吸管向一个玻璃比色皿内加水至2/3位置，作为空白液 （2）标准液。用塑料吸管向另一个玻璃比色皿中滴入18滴水→滴入磷的标准液2滴→摇匀为20mg/kg标准液 （3）待测液。用塑料吸管吸取磷待测液向第三个玻璃比色皿中滴入4滴和16滴水 （4）向装有标准液和待测液的玻璃比色皿内分别加入2滴磷1号试剂→各加入10滴水→摇匀→各加入磷2号试剂1滴→摇匀→立即上仪器测试	（1）测磷时选择红光测定 （2）按仪器屏显示步骤测定
速效钾测定	（1）空白液。用一只干净的塑料吸管向一个玻璃比色皿内加水至2/3位置，作为空白液 （2）标准液。用塑料吸管向另一个玻璃比色皿中滴入18滴水→滴入钾标准液2滴→摇匀为100mg/kg标准液 （3）待测液。用塑料吸管吸取氮、钾待测液向第三个玻璃比色皿中滴入20滴 （4）向装有标准液和待测液的玻璃比色皿内分别加入2滴钾1号试剂→摇匀→各加入2滴钾2号试剂→摇匀→各滴入10滴水→立即上仪器测试	（1）测钾时选择蓝光测定 （2）按仪器屏显示步骤测定

【实训结果】

土壤有效养分记录表

土样编号	铵态氮含量（mg/kg）	有效磷含量（mg/kg）	有效钾含量（mg/kg）

【能力培养】

编写实训报告，其主要内容包括实训名称、实训目标、实训准备、实训原理、操作流程、实训结果、结果分析与体会。

项目七　化学肥料定性鉴定

【实训目标】

借助简单用具和少数化学试剂，准确而迅速地对各种主要化学肥料的特性及其化学成分进行鉴定，以达到识别常用化学肥料的目的，为正确施用化肥提供主要依据。

了解化学肥料定性鉴定意义，掌握其鉴定方法，熟练准确识别常用化学肥料。

【实训准备】

烧杯、试管、酒精灯、常见化肥（碳酸氢铵、尿素、硫酸铵、氯化铵、氯化钾、硫酸钾、过磷酸钙等）、石灰、1％硝酸银溶液、稀硝酸、2.5％氯化钡溶液、稀盐酸、10％氢氧化钠溶液。

【实训原理】

化学肥料的鉴定，主要是根据其物理性状（如颜色、气味、结晶形状、溶解度和吸湿性等）、灼烧反应、火焰颜色以及某些特征特性的化学反应来进行。

【实训方法】

工作环节	操作规程	注意事项
外表观察	从颜色、形状上看，一般氮肥和钾肥多为白色结晶或颗粒状，如碳酸氢铵、氯化铵、硫酸铵、尿素、氯化钾、硫酸钾等；磷肥多为灰色粉末或颗粒状，如过磷酸钙、钙镁磷肥、磷矿粉、钢渣磷肥等	样品一定要干燥，保持原状
加水溶解	准备一只烧杯或玻璃杯，内放半杯蒸馏水或凉开水，将1小勺化肥样品慢慢倒入杯中，并用玻璃棒充分搅拌，静止一段时间后观察其溶解情况，以鉴别肥料样品。全部溶解的有硫酸铵、氯化铵、尿素、氯化钾、硫酸钾、磷酸铵等。部分溶解的有过磷酸钙、重过磷酸钙等。不溶解或绝大部分不溶解的有钙镁磷肥、沉淀磷肥、钢渣磷肥、磷矿粉等	在用外表观察分辨不出它的品种时，采用此法
加碱性物	取样品同石灰或其他碱性物质（如烧碱）混合，如闻到氨臭味，则可确定为铵态氮肥或含铵态的复合肥料或混合肥料	注意刺激眼睛
灼烧检验	将待测的少量样品直接放在铁片或烧红的木炭上燃烧，观察其熔化、烟色、烟味与残烬等情况。逐渐熔化并出现“沸腾”状，冒白烟，可闻到氨味，有残烬，是硫酸铵；迅速熔解时冒白烟，有氨味，是尿素；无变化但有爆裂声，没有氨味，是硫酸钾或氯化钾；不易熔化，但白烟甚浓，又闻到氨味和盐酸味，是氯化铵	样品量不宜过多，注意安全
化学检验	取少量肥料样品在试管中，加水5mL待其完全溶解后，用滴管加入2.5%氯化钡溶液5滴，产生白色沉淀；当加入稀盐酸呈酸性时，沉淀不溶解，证明含有硫酸根；取少量肥料样品放在试管中，加水5mL待其完全溶解后，用滴管加入1%硝酸银5滴，产生白色絮状沉淀，当加入稀硝酸呈酸性时，沉淀不溶解，证明含有氯根	注意化学试剂使用的安全

【实训结果】

根据试验结果，认真填写肥料鉴定表，并掌握其主要内容。

肥料鉴定表

样品	外表观察	加水溶解	加碱性物质混合	灼烧检验	化学检验	肥料名称

【能力培养】

编写实训报告，其主要内容包括实训名称、实训目标、实训准备、实训原理、操作流程、实训结果、结果分析与体会。

项目八　土壤碱解氮测定

【实训目标】

能熟练准确测定当地农田、菜园、果园、绿化地、林地、草地等主要土壤碱解氮含量，为指导合理施用氮肥提供科学依据。

【实训准备】

半微量滴定管（1～2 mL 或 5mL）、扩散皿、恒温箱、滴定台、玻璃棒。

提前进行下列试剂配制：

（1）1.8mol/L 氢氧化钠溶液。称取分析纯氢氧化钠 72g，用水溶解后，冷却定容到1 000mL（适用于水田土壤）。

（2）2%硼酸溶液。称取 20g 硼酸（H_3BO_3，三级），用热蒸馏水（约60℃）溶解，冷却后稀释至1 000mL，用稀酸或稀碱调节 pH 至 4.5。

（3）0.01 mol/L 盐酸溶液。取 1∶9 盐酸 8.35mL，用蒸馏水稀释至1 000 mL，然后用标准碱或硼砂标定。

（4）定氮混合指示剂。分别称 0.1g 甲基红和 0.5g 溴甲酚绿指示剂，放入玛瑙研钵中，并用 100mL95%酒精研磨溶解，此液应用稀酸或稀碱调节 pH 至 4.5。

（5）特制胶水。阿拉伯胶（称取 10g 粉状阿拉伯胶，溶于 15mL 蒸馏水中）10 份、甘油 10 份、饱和碳酸钾 10 份，混合即成。

（6）硫酸亚铁（粉剂）。将分析纯硫酸亚铁磨细，装入棕色瓶中置阴凉干燥处贮存。

【实训原理】

采用扩散法测定。用 1.8 mol/L 氢氧化钠碱解土壤样品，使有效态氮碱解转化为氨气状态，并不断地扩散逸出，由硼酸吸收，再用标准酸滴定，计算出碱解氮的含量。因旱地土壤中硝态氮含量较高，需加硫酸亚铁还原为铵态氮。由于硫酸亚铁本身会中和部分氢氧化钠，故须提高碱的浓度，使加入后的碱度保持在1.2 mol/L。因水田土壤中硝态氮极微，故可省去加入硫酸亚铁，而直接用1.2 mol/L氢氧化钠碱解。

【实训方法】

选择处理好的当地农田、菜园、果园、绿化地土壤分析样品，进行下列全部或部分内容。

工作环节	操作规程	注意事项
称样	称取通过1mm筛风干土样2g和1g硫酸亚铁粉剂→均匀铺在扩散皿图4-4外室→水平地轻轻旋转扩散皿使样品铺平 在样品测定同时进行空白实验，除不加土样外，其他步骤同样品测定	（1）样品称量精确到0.01g （2）若为水稻土，不需加硫酸亚铁 （3）同一样品需称2份做平行测定
扩散	加入2mL 2%硼酸溶液于扩散皿内室→滴加1滴定氮混合指示剂于扩散皿内室→在扩散皿的外室边缘涂上凡士林→盖上毛玻璃轻轻旋转→移开一小缝隙→注射器迅速加入10mL 1.8 mol/L氢氧化钠于扩散皿的外室→立即盖严毛玻璃盖→水平方向轻轻旋转扩散皿使溶液与土壤充分混匀→用橡皮筋两根交叉成十字形圈紧固定→放入40℃恒温箱中保温24h	（1）扩散时温度不宜超过40℃ （2）扩散过程中，扩散皿必需盖严，不能漏气
滴定	24h后取出扩散皿→去盖→用0.01 mol/L盐酸标准溶液滴定内室（由蓝色滴到微红色）	滴定时应用细玻璃棒搅动室内溶液，不宜摇动扩散皿，以免溢出

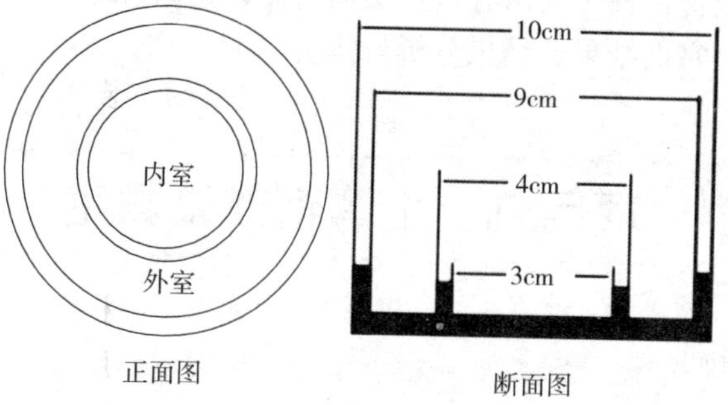

图4-4　扩散皿

【实训结果】

1. 结果记录

土壤碱解氮测定记录表

土样号	土样重 (g)	消耗盐酸数量 (mL)	空白消耗盐酸数量 (mL)	碱解氮含量 (mg/kg)

2. 结果计算

$$碱解氮含量（mg/kg）=\frac{c（V-V_0）\times 14\times 1\,000}{m}$$

式中　c——标准盐酸溶液的浓度，mol/L；

V——滴定样品时用去盐酸体积，mL；

V_0——滴定空白样品时用去盐酸体积，mL；

14——代表 1mol 氮的质量；

1 000——换算成每千克样品中氮的毫克数的系数；

m——烘干样品质量，g。

3. 结果分析　平行测定结果以算术平均值表示，保留整数；平行测定结果允许相对相差≤10%。

【能力培养】

编写实训报告，其主要内容包括实训名称、实训目标、实训准备、实训原理、操作流程、实训结果、结果分析与体会。

项目九　土壤有效磷测定

【实训目标】

能熟练测定当地农田、菜园、果园、绿化地、林地、草地等主要土壤有效磷含量，了解土壤有效磷供应状况，为指导合理施用磷肥提供科学依据。

【实训准备】

天平、分光光度计、振荡机、容量瓶、三角瓶、比色管、移液管、无磷滤纸。

并提前进行下列试剂配制：

（1）无磷活性炭粉。为了除去活性炭中的磷，先用1∶1盐酸溶液浸泡24h，然后移至平板瓷漏斗抽气过滤，用水淋洗到无Cl^-为止（4～5次），再用碳酸氢钠浸提剂浸泡24h，在平板瓷漏斗抽气过滤，用水洗尽碳酸氢钠并检查到无磷为止，烘干备用。

（2）100g/L氢氧化钠溶液。称取10g氢氧化钠溶于100mL水中。

（3）0.5 mol/L碳酸氢钠溶液。称取化学纯碳酸氢钠42g溶于800mL蒸馏水中，冷却后，以0.5 mol/L氢氧化钠调节pH至8.5，洗入1 000mL容量瓶中，用水定容至刻度，贮存于试剂瓶中。

（4）3g/L酒石酸锑钾溶液。称取0.3 g酒石酸锑钾溶于水中，稀释至100mL。

（5）硫酸钼锑贮备液。称取分析纯钼酸铵10g溶入300mL约60℃的水中，冷却。另取181mL浓硫酸缓缓注入800mL水中，搅匀，冷却。然后将稀硫酸溶液徐徐注入钼酸铵溶液中，搅匀，冷却。再加入100mL 3g/L酒石酸锑钾溶液，最后用水稀释至2mL，摇匀，贮于棕色瓶中备用。

（6）硫酸钼锑抗显色剂。称取0.5g左旋抗坏血酸溶于100mL硫酸钼锑贮备液中。此试剂有效期24h，必须用前配制。

（7）100μg/mL磷标准贮备液。准确称取105℃烘干过2h的分析纯磷酸二氢钾0.439g用水溶解，加入5mL浓硫酸，然后加水定容至1 000mL。该溶液放入冰箱中可供长期使用。

（8）5μg/mL磷标准液。吸取5.00mL磷标准贮备液于100mL容量瓶中，定容。该液用时现配。

【实训原理】

针对土壤质地和性质，采用不同的方法提取土壤中的有效磷，提取液用硫酸钼锑抗显色剂在常温下进行还原，使黄色的锑磷钼杂多酸还原成为磷钼蓝，通过比色计算得到土壤中的有效磷含量。

一般情况下，酸性土采用酸性氟化铵或氢氧化钠-草酸钠提取剂测定。中性碱性土壤采用碳酸氢钠提取剂，碱性土壤可用碳酸盐的碱溶液。

【实训方法】

选择处理好的土壤分析样品，进行下列全部或部分内容。

工作环节	操作规程	质量要求
制备土壤浸提液	称取通过 1 mm 筛孔的风干土壤样品 2.5g 于 250mL 三角瓶中→准确加入碳酸氢钠溶液 50mL→加约 1g 无磷活性炭→摇匀→塞紧瓶口→在振荡机上振荡 30min→立即用无磷滤纸过滤→弃去最初滤液	（1）样品称量精确到 0.01g （2）用碳酸氢钠浸提有效磷时，温度应控制在 25℃±1℃；若滤液不清，重新过滤
比色测定	吸取滤液 10.00 mL 于 50mL 容量瓶中→缓慢加入显色剂 5.00mL→慢慢摇动排出二氧化碳→加水定容至刻度→充分摇匀→在室温高于 20℃处放置 30min→用 1cm 光径比色皿在波长 700nm 处比色，测量吸光度	（1）若有效磷含量较高，应减少浸提液吸取量，并加浸提剂补足至 10mL 后显色，以保持显色时溶液的酸度。二氧化碳气泡应完全排出 （2）钼锑抗法显色以 20～40℃为宜，如室温低于 20℃，可放置在 30～40℃烘箱中保温 30min，取出冷却后比色
绘制标准曲线	吸取磷标准液 0mL、1.00mL、2.00mL、3.00mL、4.00mL、5.00mL 于 50mL 容量瓶→加入浸提剂 10mL→显色剂 5mL→慢慢摇动→排出二氧化碳后加水定容至刻度，磷的浓度分别为 0μg/mL、0.1μg/mL、0.2μg/mL、0.3μg/mL、0.4μg/mL、0.5μg/mL 溶液→在室温高于 20℃处放置 30min→同待测液一起进行比色→以溶液质量浓度作横坐标，以吸光度作纵坐标绘制标准曲线（在方格坐标纸上）	绘制标准曲线应以样品同时进行，使其和样品显色时间一致

【实训结果】

1. 结果记录

土壤有效磷测定记录表

标准液浓度	0	0.1	0.2	0.3	0.4	0.5	0.6	待测液 1	待测液 2
吸光度									

2. 绘制标准曲线或配置回归方程 根据上述测定结果，绘制标准曲线或配置回归方程。

3. 结果计算 从标准曲线查得待测液的浓度后，可按下式计算：

$$土壤有效磷（mg/kg）=\rho\times\frac{V_{显}\times V_{提}}{V_{分}\times m}$$

式中 ρ——标准曲线上查得的磷的浓度，mg/kg；

$V_{显}$——在分光光度计上比色的显色液体积，mL；

$V_{提}$——土壤浸提所得提取液的体积，mL；

m——烘干土壤样品质量，g；

$V_{分}$——显色时分取的提取液的体积，mL。

4. 结果分析　平行测定结果以算术平均值表示，保留小数点后一位。平行测定结果允许误差：测定值（P，mg/kg）为<10、10～20、>20时，允许差分别为绝对差值≤0.5、绝对差值≤1.0、相对相差≤5%。

【能力培养】

编写实训报告，其主要内容包括实训名称、实训目标、实训准备、实训原理、操作流程、实训结果、结果分析与体会。

项目十　土壤速效钾测定

【实训目标】

能熟练测定当地农田、菜园、果园、绿化地、林地、草地等主要土壤速效钾含量，了解土壤速效钾供应状况，为指导合理施用钾肥提供科学依据。

【实训准备】

天平、分析天平、振荡机、火焰光度计或原子吸收分光光度计、容量瓶、三角瓶、塑料瓶、滤纸。

提前进行下列试剂配制：

（1）1 mol/L乙酸铵溶液。称取77.08g乙酸铵溶于近1L水中。用稀乙酸和氨水（1∶1）调节至溶液pH为7.0（绿色），用水稀释至1L。该溶液不宜久放。

（2）100μg/mL钾标准溶液。准确称取经110℃烘干2h的氯化钾0.1907g，用水溶解后定容至1L，贮于塑料瓶中。

【实训原理】

用中性1 mol/L乙酸铵溶液为浸提剂，NH_4^+与土壤胶体表面的K^+进行交换，连同水溶性钾一起进入溶液。浸出液中的钾可直接用火焰光度计或原子吸收分光光度计测定。

【实训方法】

选择处理好的当地农田、菜园、果园、绿化地土壤分析样品，进行下列全部或部分内容。

工作环节	操作规程	注意事项
制备土壤浸提液	称取通过 1 mm 筛孔的风干土壤样品 5.0g 置于 250mL 三角瓶中→准确加入乙酸铵溶液 50mL→塞紧瓶口→摇匀→振荡 30min→过滤 在样品测定同时进行空白实验。除不加土样外，其他步骤同样品测定	（1）样品称量精确到 0.01g （2）若滤液不清，重新过滤
比色测定	用乙酸铵溶液调节仪器零点，滤液直接在火焰光度计上测定	若样品含量过高需要稀释，应采用乙酸铵浸提剂稀释定容，以消除基体效应
绘制标准曲线	吸取钾标准液 0mL、3.00mL、6.00mL、9.00mL、12.00mL、15.00mL 于 50mL 容量瓶中→用乙酸铵定容至刻度，钾的浓度分别为 0μg/mL、6μg/mL、12μg/mL、18μg/mL、24μg/mL、30μg/mL 溶液→直接在火焰光度计上测定	标准曲线绘制应以样品同时进行

【实训结果】

1. 结果记录

土壤速效钾测定记录表

标准液浓度	0	6	12	18	24	30	待测液 1	待测液 2
吸光度								

2. 绘制标准曲线或配置回归方程 依据钾标准系列溶液的测定值在方格纸上绘制成标准曲线或配置回归方程，依据待测液测定值在标准曲线上查出相对应的质量浓度或计算待测液浓度值。

3. 结果计算 从标准曲线查得或计算待测液的质量浓度后，按下式计算土壤速效钾含量：

$$土壤速效钾（mg/kg）=\frac{\rho\times V_{提}}{m}$$

式中 ρ——从标准曲线上查得或计算待测液中钾的质量浓度，mg/kg；

$V_{提}$——土壤浸提液总体积，mL；

m——风干土样质量，g。

4. 结果分析 平行测定结果以算术平均值表示，结果取整数。平行测定结果的相对相差≤5%。不同实验室测定结果的相对相差≤8%。

【能力培养】

编写实训报告，其主要内容包括实训名称、实训目标、实训准备、实训原理、操作流程、实训结果、结果分析与体会。

参考文献

鲍士旦．2000．土壤农化分析［M］．3版．北京：中国农业出版社．
陈伦寿．2002．蔬菜营养与施肥技术［M］．北京：中国农业出版社．
高祥照，申眺，郑义．2002．肥料实用手册［M］．北京：中国农业出版社．
关连珠．2001．土壤肥料学［M］．北京：中国农业出版社．
洪坚平．2005．土壤污染与防治［M］．北京：中国农业出版社．
黄巧云．2006．土壤学［M］．北京：中国农业出版社．
金为民．2001．土壤肥料［M］．北京：中国农业出版社．
劳秀荣，魏志强，郝艳茹．2011．测土配方施肥［M］．北京：中国农业出版社．
劳秀荣．2000．果树施肥指南［M］．北京：中国农业出版社．
李春藻，张京社，焦晓燕，等．2010．绿色蔬菜安全生产实用配套技术［M］．北京：中国农业科学技术出版社．
李久生．2003．滴灌施肥灌溉原理与应用［M］．北京：中国农业科学技术出版社．
刘春生．2006．土壤肥料学［M］．北京：中国农业大学出版社．
陆景陵．2003．植物营养学（上册）［M］．2版．北京：中国农业大学出版社．
吕贻忠，李保国．2006．土壤学［M］．北京：中国农业出版社．
马国瑞．2000．蔬菜施肥指南［M］．北京：中国农业出版社．
毛知耘．1998．肥料学［M］．北京：中国农业出版社．
农业部农民科技教育培训中心，中央农业广播电视学校组．2008．测土配方施肥技术［M］．北京：中国农业科学技术出版社．
彭克明．2003．农业化学［M］．2版．北京：中国农业出版社．
全国农业技术推广服务中心．2006．土壤分析技术规范［M］．2版．北京：中国农业出版社．
全国农业技术推广服务中心．2011a．北方果树测土配方施肥技术［M］．北京：中国农业出版社．
全国农业技术推广服务中心．2011b．蔬菜测土配方施肥技术［M］．北京：中国农业出版社．
全国土壤普查办公室．1998．中国土壤［M］．北京：中国农业出版社，
山西农业大学．1995．土壤学［M］．北京：农业出版社．
沈其荣．2003．土壤肥料学通论［M］．北京：高等教育出版社．
宋远平．2012．农作物测土配方施肥实用技术［M］．北京：科学普及出版社．

宋志伟 . 2007a. 农业生态与环境保护 [M] . 北京：北京大学出版社 .

宋志伟 . 2007b. 植物生长环境 [M] . 北京：中国农业大学出版社 .

宋志伟 . 2008. 园林生态与环境保护 [M] . 北京：中国农业大学出版社 .

宋志伟 . 2009. 土壤肥料 [M] . 北京：高等教育出版社 .

王申贵 . 2000. 土壤肥料学 [M] . 北京：经济科学出版社 .

王荫槐 . 1994. 土壤肥料学 [M] . 北京：农业出版社 .

吴礼树 . 2004. 土壤肥料学 [M] . 北京：中国农业出版社 .

吴玉光 . 2000. 化肥施用指南 [M] . 北京：中国农业出版社 .

武志杰，陈利军 . 2003. 缓释/控释肥料：原理与应用 [M] . 北京：科学出版社 .

谢建昌 . 1997. 菜园土壤肥力与蔬菜合理施肥 [M] . 南京：河海大学出版社 .

张承林，邓兰生 . 2002. 水肥一体化技术 [M] . 北京：中国农业出版社 .

张建新 . 2002. 无公害农产品标准化生产技术概论 [M] . 杨凌：西北农林科技大学出版社.

张真合，李建伟 . 2002，无公害蔬菜生产技术 [M] . 北京：中国农业出版社 .

张志明 . 2000. 复混肥料生产与利用指南 [M] . 北京：中国农业出版社 .

赵建生，张京社 . 2008. 山西省绿色蔬菜生产技术规程与指南 [M] . 太原：山西科学技术出版社 .

赵其国 . 1991. 中国土壤资源 [M] . 南京：南京大学出版社 .

郑宝仁，赵静夫 . 2007. 土壤与肥料 [M] . 北京：北京大学出版社 .

中国农业科学院土壤肥料研究所 . 1994. 中国肥料 [M] . 上海：上海科学技术出版社 .

中华人民共和国农业部 . 2001. NY/T 395—2000 农田土壤环境质量监测技术规范 [S] . 北京：中国标准出版社 .

中华人民共和国农业部 . 2002. NY 5010—2002 无公害食品：蔬菜产地环境条件 [S] . 北京：中国标准出版社 .

中华人民共和国农业部 . 2004. NY 5294—2004 无公害食品设施蔬菜产地环境条件 [S] . 北京：中国标准出版社 .

图书在版编目（CIP）数据

平衡施肥新技术/薄润香主编．—北京：中国农业出版社，2017.8
新型职业农民示范培训教材
ISBN 978-7-109-22999-0

Ⅰ.①平… Ⅱ.①薄… Ⅲ.①合理施肥—技术培训—教材 Ⅳ.①S147.21

中国版本图书馆CIP数据核字（2017）第133864号

中国农业出版社出版
（北京市朝阳区农展馆北路2号）
（邮政编码 100125）
责任编辑 郭晨茜 舒 薇

北京中兴印刷有限公司印刷 新华书店北京发行所发行
2017年8月第1版 2017年8月北京第1次印刷

开本：720mm×960mm 1/16 印张：9.25
字数：160千字
定价：24.50元